U0255113

山东工商学院财富管理特色建设项目（2019ZBKY067）

新时代财富管理研究文库

The Research on America Financial
Literacy Education

美国财商教育研究

葛喜艳　刘怡蔚／著

经济管理出版社

ECONOMY & MANAGEMENT PUBLISHING HOUSE

图书在版编目（CIP）数据

美国财商教育研究/葛喜艳，刘怡蔚著 . —北京：经济管理出版社，2022.8
ISBN 978-7-5096-8693-5

Ⅰ. ①美…　Ⅱ. ①葛…②刘…　Ⅲ. ①财务管理—教育研究—美国　Ⅳ. ①TS976.15

中国版本图书馆 CIP 数据核字（2022）第 157937 号

组稿编辑：赵天宇
责任编辑：赵天宇
责任印制：黄章平
责任校对：张晓燕

出版发行：经济管理出版社
　　　　　（北京市海淀区北蜂窝 8 号中雅大厦 A 座 11 层　100038）
网　　　址：www.E-mp.com.cn
电　　　话：（010）51915602
印　　　刷：唐山玺诚印务有限公司
经　　　销：新华书店
开　　　本：720mm×1000mm/16
印　　　张：11.5
字　　　数：156 千字
版　　　次：2022 年 9 月第 1 版　　2022 年 9 月第 1 次印刷
书　　　号：ISBN 978-7-5096-8693-5
定　　　价：88.00 元

·版权所有　翻印必究·

凡购本社图书，如有印装错误，由本社发行部负责调换。
联系地址：北京市海淀区北蜂窝 8 号中雅大厦 11 层
电话：（010）68022974　　邮编：100038

"新时代财富管理研究文库" 总序

我国经济持续快速发展，社会财富实现巨量积累，财富管理需求旺盛，财富管理机构、产品和服务日渐丰富，财富管理行业发展迅速。财富管理实践既为理论研究提供了丰富的研究素材，同时也越发需要理论的指导。

现代意义上的财富管理研究越来越具有综合性、跨学科特征。从其研究对象和研究领域看，财富管理研究可分为微观、中观、宏观三个层面。微观层面，主要包括财富管理客户需求与行为特征、财富管理产品的创设运行、财富管理机构的经营管理等。中观层面，主要包括财富管理行业的整体性研究、基于财富管理视角的产业金融和区域金融研究等。宏观层面，主要包括基于财富管理视角的社会融资规模研究、对财富管理体系的宏观审慎监管及相关政策法律体系研究，以及国家财富安全、全球视域的财富管理研究等。可以说，财富管理研究纵贯社会财富的生产、分配、消费和传承等各个环节，横跨个人、家庭、企业、各类社会组织、国家等不同层面主体的财富管理、风险防控，展现了广阔的发展空间和强大的生命力。在国家提出推动共同富裕取得更为明显的实质性进展的历史大背景下，财富管理研究凸显出更加重要的学术价值和现实意义。"新时代财富管理研究文库"的推出，意在跟踪新时代下我国财富管理实践发展，推进财富管理关键问题研究，为我国财富管理理论创新贡献一份力量。

山东工商学院是一所以经济、管理、信息学科见长，经济学、管理学、理学、工学、文学、法学多学科协调发展的财经类高校。学校自 2018 年第三次党代会以来，立足办学特点与优势，紧密对接国家战略和经济社会发展需求，聚焦财商教育办学特色和财富管理学科特色，推进"学科+财富管理"融合发展，构建"素质+专业+创新创业+财商教育"的复合型人才培养模式，成立财富管理学院、公益慈善学院等特色学院和中国第三次分配研究院、共同富裕研究院、中国艺术财富高等研究院、黄金财富研究院等特色研究机构，获批慈善管理本科专业，深入推进财富管理方向研究生培养，在人才培养、平台搭建、科学研究等方面有了一定的积累，为本文库的出版奠定了基础。

未来，山东工商学院将密切跟踪我国财富管理实践发展，不断丰富选题，提高质量，持续产出财富管理和财商教育方面的教学科研成果，把"新时代财富管理研究文库"和学校 2020 年推出的"新时代财商教育系列教材"一起打造成为姊妹品牌和精品项目，为中国特色财富管理事业持续健康发展做出贡献。

前　言

　　财商，与智商、情商并称为现代社会个体的三大必备素养。不具备高财商的人在现代经济社会环境中将寸步难行。财商教育正是为了提升个体和群体的财商而开展的活动。开展和接受财商教育不仅对个体意义重大，还有助于实现自身和家庭的财务健康及重大的财务目标，更对社会的稳定繁荣具有积极的意义。

　　财商教育贯穿人的一生，越早实施越好。在人生的不同阶段，财商教育的侧重点有所不同，以人生成长的基本时间轨迹为例，大致可分为学前、中小学、大学、在职期间、老年等阶段，每个阶段的教育目标、教育内容、教育手段各有侧重。从教育形式上看，可以包括家庭教育、学校教育、社会教育等。

　　美国在财商教育方面推行的时间比较久，有着丰富的实践，也积累了一定的经验，具有一定的启示意义。财商教育是一项综合性活动，其组织和实施需要多方合作。首先，需要政府部门牵头。财商教育是一项涉及广泛的教育活动，与学校教育、家庭教育、社会教育密切相关，实施财商教育的机构众多，不是任何单一的政府部门职能可以完全覆盖的。因此，美国在联邦政府财政部下设财商教育委员会，负责统筹财商教育工作，并形成了规划、组织、分工、考核等一整套完整的管理体系，很好地推进了财商教育的发展。其次，财商教育是一项全社会共同参与的工作，它既需要政府的牵头，也需要全社会的共同支持与合作，包括大量的金融机构、专门的财商教育机构、非营利组织，甚至是用人单位。只有全社会都意识到财商教育的重要性，并积极参与财商教育实施的时候，才能最大程度地调动公民参与财商教育的积极性，并逐渐转化为自身的主动追求，在个人的人生发展和家庭生活中实践财商教育理念，以实现财商教育的最佳效果。因此，公—私、公—公、私—私等合作关系的建立是财商教育有效实施的必要路径。最后，在现代经济社会环境中，财商教育已经从可有可无的奢侈品变为生活的必需品。梳理财商教育发展的历史可以发现，其萌芽于经济的不稳定，其发展的最大动力是在危机时期保护个人的财产安全。但是伴随着经济的发展和金融环境的复杂，高水平的财商已经成为现代经济社会每个公民的必备素养，在全社会财商教育广泛推行的背景下，一些弱势群体往往更容易被边缘化，因此要重点关注弱势群体的财商教育的获得机会和执行效果。

美国中小学财商教育基础扎实，各州政府往往通过设定课程标准、毕业要求等方式推进财商教育工作，财商教育实施中最常用的方式是将财商教育的理念、内容与其他学科相结合。经过多轮修改和多方认证的财经素养标准也在规范中小学财商教育过程中发挥了积极的引导作用。在大学中，财商教育采用的是通识教育与专业教育相结合的形式，既有面向全体学生的一般意义上的全面财商教育，也有面向少数学生的专业人才培养；财商教育的形式更加灵活，除课堂上的财商教育外，各种校园活动，讲座、咨询、竞赛等都有极佳的教育效果。家庭中实施的财商教育为儿童打下了一定的基础，体现了越早实施财商越好的理念。社会中的财商教育实践丰富、实施机构众多，是财商教育的重要力量，真正体现了财商教育是一种终身教育的理念。重视线上教育是美国财商教育的一大亮点，且近年来发展势头非常迅猛，线上财商教育内容非常丰富，有专业严谨的理论内容，也有生动活泼的视频教学，还有专题性的游戏等。线上财商教育资源丰富，成为家庭教育、社会教育和学校教育的重要补充。同时，线上教育也是一种教育手段和教育形式，财商教育机构都非常重视线上教育的使用。总之，学校教育是财商教育的重要阵地，为个体财商的提升打下了一定的基础，家庭和社会中的财商教育同样不可或缺。财商教育是贯穿人一生的终身教育，教育内容实用，教学方法灵活。

美国财商教育实施时间比较长，经验相对丰富，目前也面临一系列的挑战，如在管理层面如何加强绩效管理，保证资源充分利用情况下达到最好的财商教育效果。在大学、家庭教育和社会教育层面如何保证财商成为一种素养，以及中小学的财商教育与时俱进等。

目　录

第一章 导论

一、研究背景

从国际范围来看，财商教育发源于美国，后传至欧洲，继而发展至亚太地区，经历了三次重大的转型，迄今已有近百年的发展历史，目前正进入新的发展阶段。经济合作与发展组织（Organization for Economic Co-operation and Development，OECD）是第一个大范围针对财商教育进行系统性、持续性研究的国际组织，多年来致力于推动财商教育在成员国的发展壮大，并有计划地对成员国公民的财经素养展开调查分析，不断推动成员国开展财商教育。2002 年，经济合作与发展组织的金融市场委员会（Comision Para EI Mercado Financiero，CMF）和保险与个人养老金委员会（Insurance and Personal Pensions Committee，IPPC）联合推出了一项旨在帮助政府解决消费者在消费中遇到问题的项目，其中一项内容就是通过发展财商教育促进消费者财经素养的提升。2005 年 7 月，经济合作与发展组织理事会发布《关于财经教育和财经意识的原则及良好经验的建议》，提出打破"金融文盲"代际循环最好的方式之一就是在学校开展财商教育。2008 年，经济合作与发展组织创立了财经教育国际联合会，已经有 100 多个国家的 200 多个公共机构，包括中央银行、财政部门、教育部门等加入该组织，每年召开两次会议，分享各自的经验和典型做法，商讨发展策略、优先次序及政策重点。从 2009 年开始，经济合作与发展组织与世界银行合作在世界各地推动财商教育。2010 年，经济合作与发展组织出台《学校财经教育指导纲要及学习框架指导（草案）》。2012 年，经济合作与发展组织将财经素养测评纳入国际学生评估项目（The Programmer for International Student Assessmat，PISA）中。国际证券事务监察委员会组织（International Organization of Securities Commission，IOSCO）是一个汇聚全球证券监管的组织，发展、执行并推动国际认可的证券规管标准，IOSCO 理事会于 2013 年成立专门负责散户投资者的 C8 委员会，该委员会的首要任务是执行 IOSCO 针对散户投资者教育及理财知识的政策。此外，国际证监会组织、国际证券业协会组织、世界银行等国际组织都号召各自成员国或者会员开展财商教育。各国际组织的大力推动，营造了良好的国际环境。很多发达国家经济波动频繁，加上各种社会改革、人口结构变化、金融市场的繁荣等内在因素的作用，纷纷发现提升民众财商是现代社会的必然选择。英国、日本、韩国、俄罗斯等国家纷纷通过制定财商教育国家战略等方式促进本国财商教育的发展。通过实施财商教育提升全民的财经素养，正逐渐成为一种重要的国际教育潮流和共识。

从中国的情况来看，改革开放以来，社会财富得到了巨大的积累，经济总量居世界第二，外汇储备居世界第一，居民储蓄总额居世界第一，高净值人士和中产阶级的规模迅速膨胀①。随着中国互联网金融的发展以及经济结构、社会结构和人口结构等快速调整与转变，21 世纪的经济环境和金融市场变得更加复杂，中国对财商教育的需求也越来越迫切。提升国家的金融核心竞争力，完善全球治理的中国方案等，都需要一大批高财商群体。提高全民的财商可以更好地满足国家和社会发展的需要。提高全民的财商也有助于增强个体的财富

---

① 白光昭. 我国财富管理发展的总体框架研究——基于青岛财富管理金融综合改革试验区的经验[J]. 山东工商学院学报，2019（2）：3-16.

管理能力，提高个体的幸福指数。为此，自 2015 年开始，国务院办公厅、中国银行保险监督管理委员会、教育部等相关部门连续出台文件，要求提高国民金融素养，将财商教育纳入国民教育体系。2019 年，中国证券监督管理委员会与教育部联合印发《关于加强证券期货知识普及教育的合作备忘录》，推动证券期货知识有机融入各个教育阶段的课程教材体系，提升教师金融素养，创新证券期货知识学习、应用方式①。

美国已经建立起庞大的财商教育体系平台，有系统的政策规范、相对成熟的运行机制，联邦政府等多级政府的多个部门各司其职、社会教育实践丰富、家庭教育活跃、国民教育体系特别是学校教育中实施财商教育经验丰富，有关教育目标、课程内容与形式、教育活动等经验相对成熟。因此，国内针对美国的财商教育展开了大量的研究，取得了不错的成绩。然而现阶段，我们对美国财商教育的来龙去脉了解有限，所掌握的信息不够系统且多为静态的，导致我们对美国丰富的财商教育经验以及成熟的范式的理解不全面、不深入，更重要的是，无法转变为可供中国借鉴的经验，以满足中国对财商教育的需求。因此，深入研究美国财商教育的经验，必将有助于发挥中国财商教育的"后发优势"，实现弯道超车。对于政府等决策部门制定财商教育政策，对各级各类学校梳理人才的核心素养和改革人才培养模式也有一定的启示意义。

二、研究现状及进展

略考其史可以发现，财商教育可以追溯到"一战"时期②及 19 世纪 20 年代世界范围内的第一次经济大萧条时期，动荡的社会环境强烈地冲击和刺激着

---

①　李妍，曹文振．公共图书馆金融素养教育：理论视域与实践路径［J］．图书馆建设，2020（11）：77-87.

②　辛自强，张红川，孙铃，于泳红，辛志勇．财经素养的内涵与三元结构［J］．心理技术与应用，2018（8）：449-458.

每一个国家的财政状况及个体的财务状况，促使国家、个体不得不积极采取措施提高应对风险的抵抗能力。这是财商教育第一次发展的大背景。此后，经济波动的频繁出现成为一种常态，人们发现，无论是在经济快速上升时期还是在经济向下滑落时期，每个人都需要有较强的财务掌控能力，不仅在经济动荡时期需要进行有效的财经管理以规避风险，而且在经济平稳时期也需要进行合理的规划，才可能拥有稳定幸福的生活，财商已经成为人生走向成功和幸福必不可少的能力之一，人们在经济波动中逐渐坚定了提高财商的决心。而各级政府也发现，高财商的民众有助于实现社会的稳定乃至经济的良性发展。因此，各级政府、金融机构以及个体都积极投身于财商教育之中。行为经济学家从消费者教育理论、理财教育理论、财经素养理论（Noctor and Stoney，1992；Bernheim，1995；Schagen，1996）等多个角度研究财商教育，发现财商教育是跨部门的、综合性的，且与人生各个阶段的主题都是高度相关的，对实现个人幸福和社会稳定具有重要的意义。特别是 1997 年，美国的罗伯特·T. 清崎和莎伦·L. 莱希特在《富爸爸穷爸爸》一书中首次提出"财商"（Financial Intelligence Quotient，FQ 或 Financial IQ）概念后，这个概念在学界和社会大众层面得到了快速的推广和认可，相关研究也越来越集中。对财商概念的认识逐渐达成了一致，学者们普遍认为财商就是财务智商，财商是理财智慧的衡量尺度，所以认为无限的回报就意味着要有无限的理财智慧，也就是无限的财商。此概念一经提出就得到了广泛的支持，以"财"为中心，构成了目前为止对"财商"最基本的理解。财商是个体认识金钱和驾驭金钱的能力，指一个人在财务方面的智力，是理财的智慧（顾娟，2017）；拥有一流的财务能力以及大量的财富是财商高的重要表现；财商指认知、管理和创造财富的能力（邓晖等，2018）；财商应该是衡量人处理财富的相关能力，是一个人在市场经济中根据市场规律，创造财富、管理财富和运用财富的能力（梁向东等，2014）。此外，财商应该重视精神层面和道德层面，不仅关注个人财富的增加，还应看重社会责任（Lucey，2018），要形成正确的财富价值观（白光昭，2019；辛自强等，2018）。

与明确财商概念同时进行的，是针对各个群体的财商实际水平的测量、财商形成的原因与机制、财商教育的必要性以及如何提高财商的研究。针对大学生财商的测量，总体来看，中国大学生财商水平偏低；教育在提高财商水平上具有明显作用，能明显改善人们在市场中的选择动机和行为；经管类学生的财商水平在均值附近更为集中[①]。针对已经参加工作的人的调查结果同样显示出实施财商教育的必要性。对于已经参加工作的人而言，财经压力是他们较大的压力[②]，巨大的压力甚至会对工人的工作效率产生明显的负面影响，导致工人频繁跳槽。美国俄亥俄州2005~2011年的一项面向9000多人的研究显示，成年人长期处于财经压力之中，并且这种压力对健康有损。另外有研究显示，由于经济压力导致人们在医疗方面每年要多花费413美元，相比较而言，由于吸烟导致的医疗花费每年大约为587美元，而这些花费是间接产生的，所以被忽略。[③] 因此，研究者认为，实施财商教育，提高成年人的财商水平将有助于工作效率的提高。

大多数学者认为财商并非与生俱来，需要后天培养，这为财商教育提供了空间和可能。虽然对于财商教育的效果有一定的争议，但绝大多数学者认为，财商教育可以使人们的财富管理行为更加明智，对预算、信用卡、养老、储蓄等相关财务问题有更充分的理解。财商教育效果受性别、家庭环境、生活所在地、教育背景、年龄等多种因素的影响（Lusardi and Mitchell，2008；Hung，

---

① 梁向东，乔洪武. 关于我国大学生财商水平的调查与思考——基于对一所理工大学学生的抽样调查［J］. 教育研究与实验，2014（4）：59-63.

② American Psycholgy Association，美国心理学会。

③ Ron Z. Goetzel，et al. The Relationship Between Modifiable Health Risks and Health Care Expenditures，40 J. Occup［M］. Environ. Mde. 1998.（showing an analysis of the multi-employer HERO health risk and cost database）.

2009；Bucher-Koenen，2017）。但总体上，经过精心设计、有针对性的财商教育可以对人们（包括各种群体）理性金融行为有积极的影响（Christelis，2010；Fernandes，2014；Luhrmann，2015；蒂姆·卡撒，2018）。经济心理学家以金钱态度量表（Yamauchi and Templer，1982）为起点，认为财商教育对财富态度和价值观的形成可以产生显著影响。罗伯特曾经说过"是财商教育使人们掌握了财富信息，并将信息转化为知识……"一项针对美国军队的调查显示，接受了"个人财务管理课程"培训的 8 万名军人，退休储蓄从原来的 15 美元/月增长到 30 美元/月，研究者认为如果这种状态能一直保持下去，每个人最少将会有 4300 美元的储蓄增加。

伴随着财商教育规模越来越大，得到的认可也越来越多，参与其中的个体、社会组织、学校也越来越多，国家级财商教育标准的制定逐步出台和完善。美国 Jump $tart 联盟、财经教育委员会等分别发布了相关标准，经济合作与发展组织也制定了评价财商教育的相应要求，从知识、观念、行为三个维度对不同年龄层在财商的多个领域提出了相应的评价标准。各国标准框架的设立将财商教育的实施和发展向前推进了一大步。

已有研究为本书的研究提供了重要的借鉴，但尚存一定的局限性。首先，现有研究更多地关注财商教育的某一方面或某一时期，缺少对财商教育"动态"演变的把握，也就很难预测财商教育的未来；其次，作为由经济学界、金融学界、管理学界率先推动的一种理论，社会至今对财商教育的教育学关注很不充分，对财商教育的目标、内容、手段、教师发展等微观研究不到位，进而影响了对财商本质的深入理解，更不能满足大规模财商教育发展对理论的需求；再次，对美国财商教育的研究多集中于某个方面，缺少系统的、整体的、全面的研究，对了解美国财商教育发展的来龙去脉、外部环境、内在特点等研究不够透彻，导致在进行学习借鉴的过程中缺少一些依据；最后，丰富的财商教育实践对财商教育治理体系建设，包括规范、监督、激励机制建设等方面的研究提出了更高要求。

三、研究意义

鉴于国内外研究现状和我国财商教育存在的问题及需求，本书选择"美国财商教育"进行研究，具有一定的价值与意义：在理论层面，与已有的经济学或心理学的研究相比，本书更偏向从教育学视角分析财商教育概念的内涵和外延，借鉴教育史思路对美国财商教育政策的演进进行创新挖掘，融合政策分析理论、社会分析理论解释美国财商教育政策的运行机制，并采用比较的方式分析美国财商教育体系的基本特点，可以丰富比较教育学成果。在实践层面，比较、总结美国财商教育经验和发展规律，对中国各级政府制定财商教育法律规范、宏观规划，完善多主体参与财商教育机制，确定财商教育评价标准，具有重要的借鉴意义。同时，本书对美国各级别教育特别是高校财商教育改革的经验进行了专门的总结，这对我国各类学校特别是高校开设财商教育课程、举办财商教育活动、推进财商教育教学改革、调整相应的管理制度等具有一定的参考价值。此外，本书对于社会机构参与财商教育、家庭中培养孩子的财商等有一定的参考意义。

四、研究思路、内容及方法

"他山之石，可以攻玉"，美国财商教育的历史相对较久，经验丰富，对解决当下中国对高财商人才的迫切需求具有一定的借鉴作用，但必须要转换为适合中国市场环境的财商教育，而不能简单照搬。按照"定位矛盾焦点，分析历史脉络，探讨理论基础，抽象实践经验，提出可行对策"的基本思路，本书在历史与现实、理论与实践、定性与定量、系统研究和重点分析相结合的基础上，以财商教育的历史演进为突破口，以财商理论、财商教育政策、财商教育体系建设为关键节点，提出美国财商教育的经验框架。

本书内容主要包括四章，第一章是研究的基础，包括研究背景、研究现状、概念界定等。第二章是美国财商教育政策研究，梳理美国财商教育政策的发展历史，概括其政策特点。第三章是国民教育体系中的财商教育，研究美国中小学、高校中实施财商教育的做法，总结其经验。第四章是家庭和社会中的财商教育，作为一种在全民范围内推行的教育活动，家庭和社会中的财商教育是美国财商教育体系中不可缺少的一环，其发展经验具有一定的借鉴价值。通过这四章内容，搭建起美国财商教育发展的框架。

本书综合运用政策分析法、调研法、文献研究法、历史分析法、量化法和比较研究法等质性研究美国财商教育的演进。

（1）政策分析法。美国财商教育的演进得益于各级政府的大力推进，正是大量政策的出台和落实，美国财商教育才能取得今天成绩。因此，分析美国财商教育政策就显得尤为重要。本书以财商的知识、能力、理念三要素和政策工具的规范、志愿和混合为分析的两个维度，探索美国财商教育发展中的政策特点及依据。

（2）调研法。通过问卷和深度访谈的方法，一方面，调研经济学界、教育学界资深学者对财商教育实现方法和手段的基本看法；另一方面，调研学校主管领导、职能部门以及社会各界（包括财商培训机构）等利益相关者对财商教育的需要、实施困境、障碍和对策等观点，借以构建本书的基本框架。

（3）文献研究法。查阅相关文献资料，对国内外学者在财商教育研究方面取得的成果、数据、文献中的信息单元进行分析和总结，"共现聚类"对比当前最新研究成果，奠定本书的研究基础。

（4）历史分析法。通过历史资料，梳理财商教育的发展轨迹，追溯财商教育形成的来龙去脉，按照财商教育发展的时间顺序，运用财商教育的历史资料，分析财商教育理论、财商教育制度、财商教育政策和财商教育平台的演进。

（5）量化法。对财商教育中一些具备条件的要素进行量化分析，如大学生的财务问题、政府的财商教育经费投入等，以期更客观地分析财商教育的影响因素和实施效果。

（6）比较研究法。该方法贯穿本书的始终，是本书的基本研究方法，在比较中对美国的财商教育发展进行观察和研究，并比较总结出其中的经验或不足，以期找到具有复制意义的结论。

五、核心概念

有几个概念与财商密切相关又有所不同，这些概念出现在不同的时空背景之下，有各自的内涵，有的已经很少使用，更多的是作为历史的概念而存在，有的偶尔被提及，有其特定的适用范围，也有的经常使用，成为一种习惯，而财商二字由于其适用性强，更符合时代要求和人们的理解而被越来越多的人所接受，并与广为接受的智商、情商并称，被称作"财商"。

（一）理财教育

很多政府部门、社会机构和研究者对财商教育的理解是偏实用的，对理财教育概念的运用代表了这种思想。1982 年，美国学者安德森（Anderson）指出，理财教育就是让人们学会如何设立理财目标、认识个人收入基础、制定详尽的理财计划以及应用理财计划、调整理财计划、评价理财目标和理财过程的一系列环节[①]。理财教育是使消费者掌握相关资源和信息，进行明智的消费，同时帮助消费者免于卷入具有毁灭性的理财事务，在人们制定家庭预算、制定储蓄计划、应付债务以及为日后退休或孩子教育作出策略性的重要投资决定等时提供必要的理财知识。[②]

---

① 高佳．美国中小学理财教育的四个发展阶段 ［J］．外国驾驭研究，2008（7）：34-36．

② Dean M. Maki. Financial Education and Private Pensions. Putnam Investments. One Post Office Square ［EB/OL］．http：//www.tiaa-crefinstitute.org/research/programs/docs/0921e00.pdf，2001．

也有的学者提出，理财教育可以帮助人们获得作出明智决策的技能，为改善他们的财务状况而采取行动……①使人理解他与金钱的关系；使人获得阅读、分析、处理、记录有关个人的财务情况的能力，包括灵敏辨别财务选择、讨论金钱和财务，为将来制定计划，灵活处理影响日常财务决定的生活事件，包括一般的经济事件；使人能够阅读、讨论并交流有关个人财务的议题；使人持有银行业的知识和信用，练习金钱管理，了解风险，为主要的生活制定计划，为将来存钱和投资②。

此外，还有的学者认为理财是一个相当宽泛的概念，包含了经济学、日常花费如何受经济条件和宏观环境影响等非常广泛的范围。对于某些人而言，它是相当狭隘的，理财是指基本的货币管理，即预算、储蓄、投资及投保。还有些人认为理财是一套消费和购物技能。在现实中，理财教育大概可以包括所有这些主题传授、指导并使受教育者熟知关于管理财务和资产、银行、投资、信贷、保险、税收等知识，了解管理资金和资产背后的基本概念。例如，了解金钱的时间价值、投资和风险，并用所学知识进行计划、实施和评估财务决策。所以"受到良好理财教育的人"所做的行为包括按时支付账单、设定财务目标，并通过储蓄与投资的方式实现这些目标，能够做到理性消费③。

中国香港特别行政区财商教育成绩显著，在经济合作与发展组织组织的财商测评中独树一帜。中国香港特别行政区设立有投资及理财教育委员会（简称投委会），负责推进中国香港的财商教育工作。2015 年，投委会委托中国香港教育大学研究团队开发设计了理财能力框架，并于 2019 年对该框架进行了修正。该框架认为理财能力包括四个相关的元素：第一，态度，指一个人的思

①　Lois A. Vitt. Goodbye to Complacency Financial education in the US. 2000-2005 ［EB/OL］. http：//www. aarp. org/research/financial/investing/sep_ 05financial_ literacy_ education. html.

②　刘洋. 小学教科书中的理财内容研究 ［D］. 聊城大学硕士学位论文，2014.

③　Jeanne M. Financial Education and Economic Development ［J］. Improving Financial Literacy，2006（11）：33.

想、信念、感受，以及对某些行为的倾向；第二，动机，即一个人进行某种行为（或只就某行为产生倾向）的诱因；第三，知识及技能，指拥有基本概念和实践技能，这些概念和技能可以分为七个主题，分别是金钱和银行、收入和纳税、储蓄和投资、开支和信贷、消费者权利和责任、财务规划、保障和风险；第四，行为，是学习成果的体现，是一个人主动进行直接影响自身财务健康状况的行为[①]。该框架对于理财教育的实施具有很强的指导意义。

总之，理财教育的目的是使受教育者能更敏感地觉察到理财机会，并感受到它们的影响。特别是帮助受教育者发展创造财富、积累财富、传承财富的技能。理财教育可增加资金存储和积累。在形式上，理财教育可以包含学术研讨会、看财经新闻、沙龙讨论、讲座、专业的课程等。理财教育的内容则覆盖理财规划、投资和资产分配等主题的信息以及退休计划。理财教育的目的是使受教育者改进对金融产品及其概念的理解，使人们获得提高理财能力所需的技能，如能够敏感地察觉金融风险和机会，以及面临各种金融抉择时作出正确决策的教育，是贯穿人一生的教育。理财教育不仅是关于"钱"的教育，更是一种推动方法性教育和工具性教育[②]。理财教育曾经产生了广泛的影响，社会上也存在大量的理财培训机构和大量的理财产品。但在财商教育发展的脉络上，理财的内涵已经不能全部涵盖，具有一定的局限性。

（二）经济学教育

经济学教育是美国国民教育体系中使用得比较早的一个概念，20 世纪 30 年代，美国联邦政府规定，在中等学校开展经济学教育。联邦政府制定教育大纲，各州据此制定州教学大纲，并在此基础上开设课程。20 世纪 40 年代末期，联邦政府成立经济学教育联合会，现在名为经济学教育委员会（Council

---

① 理财能力框架［EB/OL］. http：//www.ifec.org.hk.［2022-02-08］.

② Margart Clancy. Financial Education and Savings Outcomes in Individual ［J］. Development Accounts, 2004（7）：42.

for Economic Education，CEE），负责推动中学的经济学教育工作。相应地，大多数州都设立了经济教育中心。经济学教育主要是为青少年提供经济学方面的基本概念和原理的教育，目的是培养青少年的经济学素养和参与经济生活的能力。由于经济学教育的概念在政策文本中时有使用，并且联邦和州政府中设有相应的委员会，出于惯性，仍在一些政策文件和学者的研究中出现。至今，经济学教育委员会仍然致力于推动中小学经济学教育的普及，并且增加了财商教育的内容，相比较于其他财商教育机构，美国经济学教育委员会（Council for Ecomomic Education，CEE）始终以经济学为中心开展研究，增添了财商教育的理论性和学科性特征，在美国产生了广泛的影响。

（三）财经素养（Financial Literacy）

财经素养（也有的学者将其翻译为金融素养），是目前有关财商研究所有概念中使用最为广泛的概念之一，国内外很多学者、研究机构、国际组织都对其进行过界定。准确描述财经素养的源头并不容易，因为最初起源的"标志"事件往往没有非常显著地从当时的背景事件中凸显出来①。从目前掌握的文献看，Huston 在一篇有关财经素养的文献综述中引用了 Noctor 等（1992）的一篇报告，该报告在题目中使用了"财经素养"一词，指财经知识以及对财经知识的理解。1995 年，斯坦福大学经济学教授 Bernheim 在研究经济增长和税收政策之间关系的过程中发现，面对越来越复杂的金融市场和金融产品，美国家庭没有充分意识到家庭金融的风险。1996 年，Bernheim 和 Garrett 研究认为，用人单位为员工提供的财经素养教育项目可以有效地增加员工的养老储蓄，并在研究中使用了"财经素养"这一概念。财经素养最初的含义主要集中于知识层面。但在应用过程中，人们逐渐发现仅掌握财经知识，不能完成预期的目标，因此，财经素养的内涵被扩大，能力、态度、行为等也被理解为财经素养

---

① 辛自强，张红川，孙铃，于泳红，辛志勇. 财经素养的内涵与三元结构［J］. 心理技术与应用，2018（8）：449-458.

的内涵所在。

美国财商教育机构 Jump$tart 联盟认为，财经素养是运用知识和技能有效地管理个人的财经资源，以实现一生的财务安全的素质。美国负责制定财商教育战略和推动财商教育发展的财经素养教育委员会（Financial Literacy and Education Commission，FLEC）认为，财经素养是指能帮助个体进行财经方面的决策、行为和实现目标的技能、知识和工具，是一种在日常生活中展现的财经能力，特别是在与财经产品或财经服务打交道时，这种能力展现得更加明显。澳大利亚证券和投资委员会（Australian Securities and Investment Commission，ASIC）认为，财经素养是"对于根据个人情况作出合理财经决策，用于改善金融福祉必要的财经知识、技能、态度和行为的组合①"。

英国国家教育研究基金会将财经素养定义为"一种明智并有效使用和管理资金的能力"②。维特等学者将财经素养定义为"阅读、分析、管理并与他人沟通个人财务现状的能力，包括甄别金融产品的能力、有效讨论财务问题的能力、为未来做规划的能力以及对财务决策的反应能力③"。

北京师范大学财经素养教育研究中心提出，从概念上，财经素养是个体对社会生活中相关财经知识及技能的掌握、理解和应用，能够对面临的财经问题进行合理分析、判断和决策，以提升个体和家庭的幸福。从教育的角度，财经素养教育不仅是知识和技能的学习，更重要的是思维角度和行为习惯的形成，以及价值观和人格特质的培养。财经素养教育研究中心主任苏淞副教授认为，财经素养不仅关于"钱"，更涉及人格特质的培养和价值观的塑造，比如责任

① Australian Securities and Investment Commission. National Financial Literacy Strategy 2014 - 2017［EB/OL］. http：//www. financialliteracy. gov. au/strategy-and-action-plan/financial-literacy-strategy/strategy-2014，2014-08-20/2016-09-08.

② Schagen S，Lines A. Financial Literacy in Adult Life［R］. Verkshire：National Foundation for Educational Research，1996.

③ Vitt L，Anderson C，Kent J，et al. Personal Finance and the Rush to Competence：Financial Literacy Education in the US［R］. Middleburg：National Foundation for Educational Research，2000.

感。花一笔钱、管理一笔钱意味着要承担责任，要为这笔钱的支出负责。①

鲁萨尔迪（Lusardi）认为，财经素养可分为基础财经素养和高级财经素养。其中，基础财经素养包括对复利、通货膨胀、货币价值、货币错觉等基本概念的理解和使用，高级财经素养则涉及股票、基金、债券的价格及风险等更为复杂的财经知识的运用②。对财经素养进行分类的研究思路，既有助于对其充分地理解，还有助于其在教育实践中的操作。

雷蒙德（Remund）从五个层面对财经素养进行界定：第一，财经知识（Knowledge of Financial Concepts），财经素养的核心是基础知识和对财经概念、框架的理解。近年来，各种社会机构、银行、政府部门以及政策制定者都认为消费者缺乏管理财务所必需的财经知识。第二，交流财经概念的能力（Ability to Communication about Financial Concepts），即一个人表达财经概念的能力，是对财经知识的有效利用。第三，管理个人财务的能力（Aptitude in Managing Personal Finances），拥有合理的个人开销和债务、拥有银行开户经验、理解保险知识、能够对未来财务需求进行规划等，有管理个人财务和避免财务危机的能力。第四，作出适当财务决策的能力（Skill in Making Appropriate Financial Decisions），通过比较个人的需要、价值和目标而作出财务决策，是一种批判性思考的能力。第五，对规划未来财务需求充满信心（Confidence to Plan Effectively for Future Financial Needs），有为未来可能发生的意外情况进行预判并提前防范的能力，是对未来的规划能力。③

财经素养的概念在全世界范围内得到推广和认可，最重要的推动机构是经

---

① 财经素养专家：该不该跟孩子谈钱［EB/OL］. https：//www.sohu.com/a/158656907_270065（2017-07-20）.

② Lusardi A. Financial Literacy：An Essential Tool for Informed Consumer Choice［EB/OL］. http：//www.nber.org/papers/w14084.

③ Remund D L. Financial Literacy Explicated：The Case for a Clearer Definition in an Increasingly Complex Economy［J］. Journal of Consumer Affairs，2010，44（2）：276-295.

济合作与发展组织，其被评价为"全球财经教育的第一推动者①"。经济合作与发展组织非常重视财经教育，采取的主要推动措施有：2008 年，创立了财经教育国际网络（International Network on Financial Education，INFE）以方便未来金融机构、教育机构、研究机构等社会各界的专家就财经素养问题进行交流和分享，为各国政府实施财经素养教育提供数据分析与建议；经济合作与发展组织在全世界范围内开展成人财经素养评估和 15 岁学生的财经素养评估，并将面向中学生的评估放在国际学生评估项目框架（PISA）② 中，因为在经济合作与发展组织看来，财经素养是对财经和风险知识的掌握与理解，以及应用这些知识和理解力的技能、动机、信心，使个体能够在各种财经情境下做出有效决策，以提高个人和社会的经济利益，并能够有效地参与经济生活（PISA 2015）③。经济合作与发展组织对财经素养的理解包括三方面的内容：财经知识与理解、财经责任与态度、财经技能与行为。在经济合作与发展组织提出财经素养的三个维度后，理论界和实践界对财经素养的界定基本都是在这个方向上的论证、补充和完善，成为界定财经素养的通用维度。

在财经素养方面，另外一种比较有影响力的观点来自中国人民大学的辛自强等，他们提出了财经素养的"三元"理论，认为财经素养的内容是财经知识、财经能力、财经价值观三者的综合体。其中，财经知识是个体参与财经活动、满足个人财务目标所需要的知识，包括反映一般性财经视野的知识和以收支平衡、财富增长、风险防范为目标的专门知识；财经能力是人们对以文本和数字形式呈现的财经信息进行有效加工，并运用规则做出合理财经决策的能

---

① 刘敏 . OECD 全球财经教育的第一推动者［J］. 上海教育，2014（2）：20-23.

② 由 OECD 组织的国际学生评估项目（Program for International Student Assessment，PISA），2000 年开始面向成员国的 15 岁中学生在阅读、数学和科学领域进行测评，每 3 年进行一次，对中学教育有一定的指导意义。——笔者注.

③ 韦春北 . 广西加快对外开放亟需提升人才的财经素养水平［J］. 大学（研究版），2018（9）：62-65.

力；财经价值观指人们对应遵守的与财经活动有关的价值规范的认识，包括理财价值观、财经伦理观和财富价值观等①。财经知识、财经能力、理财价值观体现个体的经济人（理性人）特征；财富价值观和财经伦理观体现个体的社会人（道德人）特征。具有良好财经素养的个体应该兼具经济人和社会人的双重人性②。

在财经素养概念的基础上，为了提高财经素养而实施的教育，被称作财经教育（Financial Education），是指人们获得有关财经行为的信息、技术、信心和动力的过程，包括学校教育、一对一咨询、培训、远程教育和自学等多种方式。财经教育最重要的目标是实现财经幸福（Financial Well-being），可以充分应对当下及未来的财经压力，获得财务安全感，可以做出有助于提高生活愉快感的决策。

（四）财商

财商一词最早由美国作家兼投资家罗伯特·T. 清崎（Robert Kiyosaki）和注册会计师、咨询专家莎伦·莱希特（Sharon Lechter）于1997年在《富爸爸穷爸爸》一书中提出③，作者认为，财商是关于金钱的智商，包括正确的金钱观、消费观以及组成这一素质的各方面的能力，如把握市场的能力、计算能力、投资能力和了解相关法律的能力。包括了"财经素养""金融素养""金融能力"等多种含义。

很多研究者认为，财商是一种能力。财商是指正确认识金钱的能力，以及运用金钱规律来指导自身做出正确理财行为的能力，即一个人与金钱（财富）打交道的能力。财商是衡量人如何聚财、取财、创财、用财、使财产得到合理

① 辛自强. 中国公民财经素养基本状况报告［J］. 心理技术与应用，2022，10（3）：129-153.
② 辛自强，张红川，孙铃，于泳红，辛志勇. 中国公民财经素养测验编制的总体报告［J］. 心理技术与应用，2020，8（12）：705-717.
③ 李先军，于文汇. 美国构建理财教育体系的经验与启示［J］. 世界教育信息，2018（6）：6-13.

使用的敏感性、果断性、智慧性、科学性和道德性的能力①。财商是指一个人在市场经济中根据市场规律，创造财富、管理财富和运用财富的能力②。因此，财商的构成要素有三个，一是对市场运行知识的把握，二是创造财富的能力，三是管理财富的能力③。人们接受良好的财商教育，提升财商，可以合理均衡收支、选择最优化处置金钱的方式，使闲置资金创造出更大的价值。作为人的基本素养之一，财商（FQ）与智商（IQ）、情商（EQ）并列成为当代人必不可少的素质④。一个智商和情商不高的人，财商肯定不高，但是，智商和情商高的人其财商并不一定高，因为财商的培养有自己的内容和方式。

财商的构成要素主要包括三方面：一是市场运行知识，即对市场基本运行规律的理解，包括对竞争、价格、财富的积累和传承等基本知识的掌握；二是创造财富的能力，即有能力实现财富的最大化目标；三是管理财富的能力⑤。

综合比较以上几个概念，本书选定财商作为核心概念，其内涵更加丰富，"财"包含了"财经""金融""经济""财政"等内容，"商"包含了"素养""能力"等内容，也更加具有综合性，涵盖了理财教育、财经素养、金融素养等多种概念，也包含了知识、能力、素养等多重含义。在研究美国的政策文本及学术文献的时候，财经素养、金融素养、理财教育、经济学教育等概念使用频繁，每一个概念都在发展中不断演变，其内涵与外延在不同时空背景下有着不同含义，如果频繁转换可能会造成理解上的混乱。为了避免理解上的混乱，本书统一采用财商或者财商教育代替，不再在不同的概念之间进行变换和共同使用，在有特别含义需要单独予以说明的地方则会保留。

---

① 盛德荣，何华征．论对大学生进行财商教育的重要意义［J］．成都理工大学学报（社会科学版），2012（5）：113-115.

②③⑤ 梁向东，乔洪武．关于我国大学生财商水平的调查与思考——基于对一所理工大学学生的抽样调查［J］．教育研究与实验，2014（4）：59-63.

④ 吴浩．论德育教学中的学生理财观念的培养［J］．科技信息，2007（8）：176.

（五）财商教育

财商教育是指培养受教育者财商的一系列教育活动，内容覆盖经济学、财政学、金融学、投资学等基本理论知识，以及储蓄、信贷、养老、医疗、教育、风险管理等多个方面实践内容，它是一门融合了经济学、金融学、社会学、心理学、教育学等多门学科的交叉学科，由政府、学校、社会机构等不同层次部门共同实施，是一个融合了家庭、学校、社会教育的综合性教育体系①。财商教育的目标是帮助受教育者树立正确财富观念、掌握金融知识、拥有一定的财经技能，可以在复杂多变的金融环境中创造财富、积累财富、传承财富，从而实现个人的奋斗目标，为幸福的人生打下良好的经济基础。

（六）财经技能（Financial Skill）

财经技能是财经素养和财经能力最重要的组成部分，财经技能包括财经知识及知识的应用两部分内容，财经知识的应用就是财经技能。② 财经技能非常重要，它可以应用于所有的财经决策中，有助于成年人进行相关的财经决策。美国消费者金融保护局（Consumer Financial Protection Bureau，CFPB）认为，财经技能是个体发现、处理和执行财经信息的能力。③ 美国消费者金融保护局开发出财经技能量表，详见附录2。财经技能有助于个体明确何时以及如何获得有效的财经信息，理解如何将财经信息转化为决策，拥有执行决策的信心和能力。

（七）财经幸福（Financial Well-being）

美国消费者金融保护局认为，财经幸福是个体整体的财经健康，不单纯聚

---

① 陈勇，季夏莹，郑欢．国外青少年财商教育研究梳要及其启示［J］．国外中小学教育，2015（2）：24-28，65.

② Adele Atkinson，et al. Levels of Financial Capability in the UK［J］. Public Money and Management. 2007，27（1）：29-36.

③ Measuring Financial Skill［EB/OL］. http：bcfp_ financial-well-being_ measuring-financial-skill_ guide. pdf（consumerfinance. gov）.

焦某一个财经计划如退休计划、大学学费储蓄计划，而是个体生活的全部。其关注的重点是当下与未来财务安全和财务选择的自由。财经幸福是指个体处于这样的状态，能够充分满足当下与将来的财经义务，拥有财经安全感，可以做出享受生活的各种选择（见表1-1）。同样地，美国消费者金融保护局也为财经幸福开发了量表，详见附录3。

表1-1 财经幸福的四个特点

	当下	未来
安全	能够控制住每日、每月的财务状况	有能力迎接财务风险
选择自由	选择享受生活的财务自由	有能力逐步实现财务目标

资料来源：根据美国消费者金融保护局官网资料整理而来。

经济合作与发展组织也曾经对财经幸福给出一个类似的定义，即财经幸福是指一个人能完全承担当前及未来的财务责任，对财务前景感到有信心，并有条件选择享受生活。

在财经幸福的基础上，美国全国财商教育基金会（National Endowment for Financial Education，NEFE）构建了更完整的"个人财商生态"的概念。NEFE认为每个人都对应着财商生态中的某个状态。财商生态，是一种系统地理解财商的思维逻辑，将财商的构成要素、要素之间的作用关系、财商的外部影响因素，以及发挥作用的方式、途径进行了逻辑构建，是系统理解财商内涵、财商教育、政策作用的有效方式。美国全国财商教育基金会认为，个人财商生态包括财商基础、财商能力、财商行动与结果、财商幸福四个层次。财商教育有助于提升财商能力和改善财商行为，产生良好的财商效果，并最终实现财经幸福。如果财商基础不牢靠，就很难有很强的财商能力，即便掌握了一定的财商知识，但是倘若不经常使用它，也很难有高水平的财经行为或产生良好的财经结果。个人财商生态构建的外部影响因素中，政府扮演着重要的角色，政府不仅需要提供财商教育和财商信息，还需要提供一定的保护、制定相应的规范等。

财经幸福的概念被提出之后，也得到了学界的认可，Kafka、Alexander C. 在分析大学生财商教育必要性时也提出了类似的概念，即财经健康（Financial Wellness），在专家看来，大学生的财经问题并非局限于学费的问题，而是跟学生的健康、幸福和学业成功都密切相关的事情，对于大学生而言，能够实现财经健康是与学业成功同样重要的事情。

从财经素养、消费者素养、金融素养，到财商、财商教育、财经幸福学概念的转变，代表着对财商重要性认识的逐渐升级。财商已经成为贯穿人的一生的重要技能，对个人成功、家庭幸福和社会稳定都有着独特的作用。

第二章　美国财商教育政策的演变

第一节　美国财商教育政策的历史

一、实施财商教育的必要性

(一) 实施财商教育的背景

美国作为世界上第一个大规模推动财商教育发展的国家，其背后有着复杂的经济、社会以及文化背景，是在多重因素的共同作用下逐渐发展而成的。

1. 经济背景

频繁波动的经济和随时可能出现的紧急情况，让社会各界以及公众忧心忡忡，人们在寻求解决之道的过程中，发现提升财商是一个行之有效的办法。首要的是经济的巨大波动所带来的冲击，自 20 世纪初期以来，美国经济发展波动频繁，1929 年 10 月美国股票暴跌，经济受到严重冲击，很多个人破产，保险业作为"社会稳定器"的功能首次被大众关注，保险推销员所提供的生活规划和资产运用方面的咨询服务也得到了认可。两次世界大战之后，美国的资本得到了空前的积累，资本主义经济迅速发展。但与之相伴随的并非一路平稳的经济增长，而是时常发生的经济危机、金融危机及经济不稳定的情况，促使政府主动采取策略，以避免经济波动给个体和社会造成的负面影响。21世纪开始的经济大衰退和不稳定，让人们意识到个体的财商水平不仅对家庭的稳定有重大的好处，而且对经济发展大局也具有积极的意义，于是人们更加接受财商理念，开始主动寻求提升财商之道。2008年金融危机后，将财商教育纳入政策层面已经成为一种"国际政治趋势"。除经济自身波动带来的影响外，频繁发生的自然灾害，如飓风、地震不仅威胁着生命安全，也造成了重大的经济损失，很多家庭和个人缺乏充分的准备和应对策略，特别是经济上的准备，美国很多家庭并没有足够的应对突发状况的应急储蓄，这不仅对家庭而言意味着雪上加霜，也加重了社会的负担。再比如席卷全球的新冠肺炎疫情，影响范围广，持续时间长，数以百万计的美国人都受到了重大的影响，除生命受到威胁外，最重大的压力莫过于经济压力。2020年3月，美国国会通过了《新冠病毒帮助、救济、经济安全法案》（CARES）——美国有史以来针对工人和商人的最大的经济救济法案。虽然政府的支持力度很大，但仍然有很多人不知道如何获得相应的信息和有效的支持。凡此种种都促使美国各级政府意识到，公众的财商仍有很大上升空间。开展财商教育是一项事关经济发展中的民众素质、社会稳定中的民生问题，以及家庭幸福中的经济问题等综合性事业，因此，美国各级政府都积极采取措施，不断推动财商教育发展。

2. 社会背景

社保制度的改革，让美国民众有了更多可支配的资金，但同时也增加了资金管理的负担和风险，对于资金管理能力不高的个体而言，有可能造成资金的浪费进而导致保障风险的增加，使社会保障改革的效果大打折扣。20世纪80年代以来，社会养老保险制度私有化改革在美国已经成为一种现实与趋势，提供退休收入的责任已由政府部门全部或部分地转移到个人身上，养老金的数额取决于人们的缴费和养老保险基金的投资收益，个人对养老金拥有更大的支配权，如果不懂得合理使用，将会增加个人的养老风险。为了让养老金升值，个人需要花费大量精力来判断与分析各种金融信息的真实性和有效性。为了让民众能更理性地管理资金，为人生的各个阶段准备充足的资金成为国家和个体共同的追求。财商被认为是影响个体金融投资的重要因素，提升个体的财商成为美国各级政府、社会组织和金融机构的共识，相关部门纷纷采取积极措施以提升民众的财商。

3. 财商背景

民众财商水平不乐观，不能有效管理资金，进行长远的规划，对复杂的金融环境无从判断。美国年轻人对债务的依赖非常强，2012 年，25 岁的年轻人中，79%的人有程度不同的外债。美国中学生在国际学生评估项目中的表现也非常不乐观。国际学生评估项目是由经济合作与发展组织面向成员国家中学生进行的测试，2012 年开始增加有关财商方面的题目，美国也是该组织的成员国。2012 年，共有 18 个国家参加国际学生评估项目的测试，美国中学生排名第 9 位。2015 年，共有 15 个国家参加国际学生评估项目财商测试，排名由高到低分别是：中国、比利时、加拿大、俄罗斯、荷兰、澳大利亚、美国、波兰、意大利、西班牙、立陶宛、斯洛伐克、智利、秘鲁、巴西，美国的排名居中，得分略低于平均分，这个成绩与 2012 年的成绩相比没有显著的提升，有 1/5 的学生缺乏基础的财经知识，只有 1/10 的学生拥有较高的财经能力。测试结果显示，学生的财商水平与其家庭的社会经济水平等社会因素有关，女性、低收入家庭和少数民族学生的得分低于同龄人。在国际权威调查中不乐观的成绩，一定程度上刺激了美国反思自身的教育效果，推动了美国财商教育的改革，为美国实施财商教育提供了很好的参照。除此之外，美国国内的一些研究成果也显示美国民众的财商状况堪忧，针对大学生财商的调查结果也不乐观，具体内容在本书的第三章有所分析。还有一些研究是围绕年轻人展开的，认为年轻人比起老一代更不喜欢存钱，信用卡经常不能按时足额还款，年轻人有很大的财务压力等。针对大学生、中学生、成年人、老年人等不同对象、不同规模、不同角度的财商调查结果都共同指向了美国民众财商水平不乐观，在一些重大的财务问题上如储蓄、信用卡管理、账户管理等事项上存在理解的偏差等，构成了经济安全隐患，昭示了实施财商教育的必要性，这些调查结果促使各级政府积极思考以改变对策。

4. 其他因素

美国财商教育的渊源在宗教中也可以寻找到一些依据。宗教对美国人精神世界的影响很难量化，在宗教最为发达的年代，它的覆盖范围广、影响力强，在部分人的心目中，宗教是最重要的精神力量。曾经，宗教对美国人发挥了一种原始、彻底的理性改造作用。部分宗教经典要求从个人和集体的基本需求出发，合理地、有效地利用财富。宗教中的一些理论将针对消费的禁欲与追求财富的自由结合起来，通过禁欲主义形成强制储蓄。这种清教徒式的生活方式促使个体的经济状况逐渐改善，也构成了现代经济学和管理学理论中"经济人"假设的起源。为了上帝的救赎进行有组织的、理性的、节制的生活，与上帝要求人们合理追逐财富的观念结合起来。这种对财富合理规划的理性观念通过宗教的形式植入人们思想。① 宗教中对个体在消费、储蓄等财富管理方面的要求与财商教育的理念、原则、内容、目标具有一定的相似性和一致性，这也在某种意义上促进了财商教育被广泛认可和接受。

（二）实施财商教育的意义

梳理美国财商教育发展实践可以发现，美国在推动财商教育发展这件事情上，持续时间长，力度大，各级政府的积极性得到了充分调动，不遗余力，通过立法、拨款、绩效考核、宣传等多种手段全面推进财商教育。市场、社会的

---

① 李先军，于文汇. 美国构建理财教育体系的经验与启示［J］. 世界教育信息，2018（16）：6-13.

力量也得到了充分发挥。总结其原因，不外乎实施财商教育确实是一件既立足当下又着眼长远，既有利于个体又有利于国家和社会的正确的事情，代表了一种正确的发展方向。

首先，实施财商教育最大的获益者是受教育者本人。财商是帮助人们进行理性判断的重要能力，拥有高财商的人可以最大限度地避免上当受骗和经济上的损失。亚当·斯密认为"知情的消费者可以将无良卖家拒之门外①"，高财商的人可以保护自己的正当权益不受侵犯。无论是初级的消费陷阱，还是复杂的金融诈骗，都会被高财商的人所识破，避免落入各种经济陷阱。高财商的人还能为自己创造更多的财富，Venti 和 Wise（2001）通过研究发现，拥有财经知识不同的两个个体，即便一开始所处的环境类似，到退休时他们的财富水平会出现较大的差别，财商越高的个体所拥有的财富越多②。高财商的人更容易识别金融机遇、掌握金融技巧、合理利用金融工具，实现财富的积累和增加。高财商的人可以为家人、朋友在储蓄、投资、理财等方面作出更好的财经选择和判断。高财商的人可以帮助家人、朋友进行适当的人生规划，为人生中的重要事件如自己及子女的教育、职业发展、买房、医疗、养老等提前做好经济准备，增强个人和家庭的幸福感。高财商的人更能打好人生之路的经济基础，增加自己的安全感、幸福感，提高成功的概率。高财商的人更有实力抓住人生的机遇。当今世界的经济环境和金融环境更加复杂，美联储前主席格林斯潘曾经说过，随着市场力量的不断扩大，将涌现出更多的金融服务供应商，消费者在个人金融管理方面将拥有更多的选择，需要有更强的灵活性。③财商成为个体处理财经问题、维系个体持久生存于社会并持续发展的关键能力。财商越高的

①③　Hogarthjm. Financial Literacy and Family and Consumer Sciences［J］. Journal of Family and Consumer Sciences：From Research to Practice，2002，94（1）：14-28.

②　Venti，S.，D. Wise. Choise，Chance and Wealth Dispersion at Retirement［M］// T. Tachbanaki，and D. A. Wise In Aging Issues in the United States and Japan. S. Ogura. Chicago：University of Chicago Press：2001.

人，越能够客观地、理性地面对市场上的各种变化，对未来发展形成正确的预期，从而更好地把握机遇。

其次，实施财商教育对国家意义重大。实施财商教育，提高个体的财商水平，有助于个体拥有稳定的经济基础，具备基本的财富管理能力，从而能应对各种外在风险。当每个个体都拥有这种能力的时候，整个社会抵抗风险的能力就大大增强，社会也就更加稳定。美国经济学教育委员会主席杜瓦尔（Robert F. Duvall）认为，对青年人进行经济学以及财商教育，对建立一个拥有深谋远虑的投资者、储蓄者、有见识的消费者、高生产率的劳动力、负责任的公民和全国经济有效参与者的国家是至关重要的。① 经济合作与发展组织曾经提出，群体性的财商低下会对宏观经济运行产生不好的影响，澳大利亚、日本、韩国和美国经济的发展都曾经因为公众缺乏金融知识而受到冲击②。市场波动是常态的，越是不成熟的市场，波动就越频繁、越剧烈，当不成熟的市场与群体财商水平不高相遇时，就会对经济社会产生重大的冲击。高水平的财商群体有助于对抗市场波动和降低市场动荡带来的风险。因此，实施财商教育，提高社会整体财商水平，可以让全社会共同受益，这就是很多国家将财商教育政策作为政府管理中一个有效杠杆的原因。

二、美国财商教育政策的形成与发展

美国财商教育之所以能够蓬勃发展，与联邦、州、地方等各级政府的积极推动作用密切相关。美国各级政府对财商教育的重视由来已久，是美国财商教育发展的重要推动力量，特别是联邦政府不遗余力地致力于财商教育推动工

---

① 蒋光祥. 投资者教育从娃娃抓起，才不会当"韭菜"［EB/OL］. http：//www. thepaper. cn/newsDetail_ forward_ 3157114, 2019-03-19.

② Organization for Economic Co-operation and Development Improving Financial Literacy：Analysis of Issues and Policies［M］. Paris, France：Organization for r Economic Co-operation and Development, 2005.

作，包括标准制定、经费保障、数据库建设、学术研究开展、大众运动推行等，为美国财商教育发展作出了积极的贡献。回顾历史可以发现，美国财商教育政策主要经历了四个阶段。

（一）萌芽初创期：财商教育政策零散却充满活力

回溯美国财商教育政策的发展历程可以发现，各种各样的社会突发事件推动着政府、社会各界和个体逐渐重视财商教育。在萌芽初创期，财商的概念还没有被明确提出，更谈不上得到认可。财商教育政策目标主要是解决民众生活中遇到的一些具体的财务问题。财商教育政策的主题和内容围绕理财教育、消费者教育、经济学教育等方面展开。财商教育政策数量不多，频率不高，也未成体系。财商教育政策的制定，更多的是一种被动的、解决问题式的机制。但重要的是，这个阶段的财商教育政策具有极强的生命力和活力，埋下了美国财商教育发展的种子，为后期财商教育政策的进一步出台和财商教育的发展奠定了坚实基础。

1. 财商教育初露端倪

美国财商教育的萌芽出现于 20 世纪 30 年代的保险业。[①] 1929 年 10 月，美国股票暴跌，爆发了经济危机，各行各业受到了严重的冲击，大量公司破产或者濒临破产，导致很多个人和家庭经济损失惨重，生活艰难，甚至家破人亡。在这个黑暗而绝望的时刻，人们惊讶地发现一些曾经购买保险的人很好地规避了部分风险。保险业被认为是"社会稳定器"，保险公司的地位得到了空前提升。大危机促使个体对生活的综合设计和资产运用设计方面的需求开始萌芽。在这一背景下，一些保险推销员在推销保险商品的同时，也提供一些生活规划和资产运用的咨询服务。这些保险营销员被称为"经济理财员"，尽管体系不成熟，也不成规模，但已显现出很强的生命力，在一定程

---

① 高佳．美国中小学理财教育的四个发展阶段［J］．外国教育研究，2008（7）：34-36.

度上满足了广大社会个体妥善管理资产、提高财商的需求，成为财商教育最初的形态。

2. 联邦政府推动改革，国民教育体系出现转变、消费者教育运动广泛开展

基于社会发展的强烈需求，联邦政府成立了美国国家经济教育特别工作组，并于1961年发表了《改进中学经济学教育的建议》（又称"十二点建议"，以下简称"建议"），建议提倡在中学阶段开展经济学教育，以提高中学生的经济素养。建议对美国中学经济学教育产生了重大的影响。

1962年，时任美国总统肯尼迪在国会发表演说，演说的序言主题为："消费者的权益与责任"，该演讲拉开了"消费者事务与教育运动"（The Consumer Affairs and Education Movement）的大幕。在此带动下，联邦和多个州纷纷出台消费者保护法和地方法案，该运动在20世纪60~70年代快速发展。消费者保护部门由州和地方政府设立，由美国消费者联合会、美国消费者权益理事会、美国退休人员协会等消费者组织形成，并逐步发展壮大。该运动推动了消费者教育的发展，是美国财商教育政策的早期形式。1972年，美国创立了理财教育机构，并制定了理财师认证制度。1973年，该组织的首批42名毕业生获得了国际金融理财师（Certified Financial Planner）资格证书。此时，个人财产管理的环境发生了重大变化，个人金融资产膨胀、金融自由化浪潮兴起、老龄化社会来临等，这些因素促使人们对理财的需求急剧增加，作为金融自由化改革的结果，金融产品迅速增加、金融风险加大，人们迫切需求理财师的帮助，这推动了理财业的空前发展，理财师的地位不断提升，将理财教育的内容加入学校教育中的呼声越来越高。

3. 理财教育蓬勃发展

20世纪80年代初期，财商教育政策的主题是"理财"，这个阶段是消费者事务与教育运动的转折点。一方面，大规模泛泛的消费者教育没有市场，许多消费者保护办公室关闭，消费者倡导组织失去了基金和财政支持，消费者教

育课程减少，学习人数下降。另一方面，消费者对个人理财的兴趣增加。消费者教育逐步转化为财务管理和个人理财教育。联邦贸易委员会（Federal Trade Commission）、联邦存款保险公司（Federal Deposit Insurance Corporation）、美联储（Federal Reserve）、证券交易委员会（Securities and Exchange Commission）、联邦公民信息中心（Federal Citizens Information Center）和美国铸币厂（United States Mint）都倡导并组织和实施理财教育。社会上与理财相关的教育机构大量发展，专门的理财从业人员、理财项目等如雨后春笋般大量涌现，理财也逐渐进入成年人的视野，成为人生的必修课。20 世纪 80 年代中后期，财商教育不再是仅面向成人的教育，它逐渐发展成为国民教育的内容。财商教育思想、内容、方法进入学校教育范畴。1983 年 4 月 26 日，里根政府委任蓝带委员会发布了著名且影响深远的教育报告《国家处在危机之中》（以下简称"报告"）。报告指出，美国在教育方面存在严重问题，报告认为教育机构不再追求卓越和领先，正被一股不断增长的平庸的风气慢慢侵蚀，并威胁着整个国家和人民的未来。学生学业成绩不断下降，学校对学生的要求越来越低，美国的学校在同他国同行的竞争比赛中越来越落后。"自助餐"式的课程结构既不协调也不连贯，大量时髦、繁琐、肤浅、毫无实质性的知识充斥课程，这也是20 世纪六七十年代美国学校混乱的根源。为了改变这种状况，报告提出了基于标准的教育改革方案。这个报告和改革对美国教育产生了深远的影响，报告在对美国当时的教育状况进行深刻反思和批判之后提出了大规模删减中小学课程内容的建议。在整个教育内容大量删减的背景下，数学和阅读课程中融入财商教育的内容被保留这一举措，显得尤为引人注目，财商成为人人必备的能力和素养的理念再一次得到了认可和证实，财商教育在国民教育体系中的地位得到进一步的巩固和提升。

经过漫长的酝酿期，财商教育在美国的政策领域逐渐萌芽，各界对财商教育的重要性和意义的认识越来越深刻，即无论是在经济发展平稳或者是上升的时期，还是经济处于下滑和动荡的时期，财商教育都是必不可少的，是所有人都应该具备的重要能力之一，财商教育成为政府确保老百姓能拥有幸福生活、社会得以平稳发展的重要治理工具。实施财商教育成为各界共识，这些共识也为财商教育政策下一步的出台和实施奠定了基础。

（二）发轫期：财商教育政策数量增加，渐成体系

20 世纪 90 年代中后期，尽管美国宏观经济形势一片大好，但社会层面却存在一些不稳定因素，社会保障、医疗保险和雇员福利制度的改革与调整，让人们一时之间不能很好地适应，不知对未来应该如何应对和规划，因此对未来充满忧虑。"婴儿潮"一代即将进入退休时期，退休后的生活、医疗等一系列保障如何进行等问题让人焦虑。同时，员工福利成本的迅速增加让用人单位压力增大，对于工资不高、年龄较大、处于弱势的群体，因为没有足够的财力来应付紧迫的生活而承受沉重的负担。根据统计，与经济的良好发展背景不适应的是个人储蓄率下降、债务增加、个人破产现象加剧，各种群体的经济压力仍然很大。在这个时期，美国金融服务机构大规模增加，各种金融产品（如信用卡的发行）增长速度加快，金融产品数量增加、种类丰富，无形中让美国的消费者面对一系列的金融风险，破产、抵押品赎回权的取消都加重了这种危机。重重危机呼唤着更进一步的财商教育的实施，一场财商教育浪潮也随之在美国兴起。首先，1995 年 7 月，美国储蓄教育委员会（The American Savings Education Council）成立，委员会开展了大量的活动，用来提高公民对储蓄的认识。其次，个人金融扫盲联盟（Coalition for Personal Financial Literacy）于 1995 年开始推动学校开展个人理财教育，以提高儿童和青少年的金融知识和能力。这标志着财商教育大规模进入基础教育体系中。最后，1998 年，国家金融教育资助委员会开始为公民提供理财教育。1998 年，Jump $tart 联盟发布了财经素养教育领域的第一份国家标准——《个人理财指导原则和基准》，联盟又于 2001 年、2007 年、2015 年先后对其进行修订（其中 2015 年的名称为

《K-12① 个人财商教育国家标准》），最近颁布的《个人财商教育国家标准》（2021 年）已是第五版。第五版的标准分别针对四年级、八年级和十二年级提出，分为收入、支出、储蓄、投资、信贷管理和风险管理六个维度，每个年级的每个维度都列出了具体的应该达到的标准，具有极强的操作性。尽管该标准并非强制性的，但许多州都以此为基础建立本州的标准或开发课程，财商教育活动更加有据可依，也变得更加标准化。

2000 年第三季度，美国股市暴跌，而 2001 年"9·11"恐怖袭击对美国经济产生了直接的影响，增加了美国经济发展的不稳定因素。美国各级政府以及各个部门积极应对，采取了多项措施推动财商教育发展：一是联邦和州两级通过立法，明确了公民个体提升财商教育的必要性；二是公开在职人员和退休人员的福利、社会保障、医疗保险、医疗补助调整的方案及调整原因，帮助公民理解与自身利益密切相关的重大财务调整，有助于公民及时进行规划；三是将金融知识有针对性地传授给相关群体；四是对青少年的理财需求给予特别关注；五是为社区、学校和其他组织提供实施财商教育的资料；六是提高民众对未来的预算需求，资金管理，规划、储蓄和投资的认识；七是建立与社区、组织、理财教师、研究人员等的共享研究机制；八是为寻求启动金融教育计划的组织提供共享教育资源的平台；九是加强交流，避免重复工作，鼓励不同定位的组织建立起充满活力的合作伙伴关系。

在发轫期，美国财商教育政策的目标一方面是为了解决当下的困境，另一方面立足长远，让财商作为个体必备的一种能力和素质的理念逐渐清晰。财商教育政策较上一阶段在数量上有显著的增加。财商教育的内容则涵盖了国民教育、高等教育、社会教育、家庭教育等多个方面，储蓄、信用卡、养老、医疗、住房、退休等财商教育内容也更加清晰。在财商教育的管理方面，参与的

---

① K-12 是美国基础教育的统称，包括学前教育、小学教育以及中学教育。——笔者注。

政府部门更多，各自的职能逐渐清晰，分工逐渐清晰，政府牵头、市场和非营利组织参与并彼此协作的格局逐渐确定。更为重要的是，财商教育标准和政府财商教育实施考核也崭露头角，财商教育政策体系初具规模。

（三）走向深入期：财商教育政策体系日益完善

在这个阶段，标志性的事件是，美国出台《财商教育促进法案》。在此之前，有关财商教育的法律条文都出现在其他的法律文本中的，而这是美国第一部单独出台的专门面向财商教育的法律，对财商教育的地位、意义作用进行了全面、权威的明确，使财商教育的实施具有了严谨的法律依据。此外，还发布了两版财经素养国家标准，制定和修订了两版财商教育国家战略，财商教育的精神或内容进入更多类型的法律文本，财商教育政策体系日益完善，对财商教育的长远发展发挥着保障、督控和规范的作用。

2002年，美国时任总统小布什签署了《不让一个孩子掉队》教育法案，是第一部明确将财商教育整合进基础教育的法案，中小学实施财商教育得到了法律层面的规制和保障，使原有的财商教育根基更加稳固。至此，财商教育在美国国民教育体系中全面展开，并逐步走向规范。同年5月，联邦政府在财商教育办公室（Office of Financail Eduction，OFE），负责协调由财政部部长担任主席的金融扫盲与教育委员会的工作，其目的是协调联邦政府各部门的工作，提高民众的金融知识水平，使各界更加重视财商教育①。财商教育办公室致力于拟定财商教育政策，其使命是为所有美国公民提供储蓄、信贷、房屋所有权和退休规划等方面的实用的财经知识，从政策层面将财商教育关注的范围扩大到人的一生，使美国公民能够在一生的各个阶段作出明智的理财决策和选择。2002年10月，财商教育办公室颁发了《将财经素养教学融于学校课程》白皮书，提出了把财商教育纳入学校课程体系的几点建议，明确提出了涵盖课程、

① Further Literacy Needed to Ensure an Effective National Strategy ［R］. Washington：Financial Literacy and Education Commission，2006.

考试、教材和师资培训等方面的关于财商教育的国家标准。让学生在学习数学、历史、社会等课程时也有机会接触有价值的财商课程。比如，二年级学生在学数学计算时，可以用硬币学习，既学习了计算方法，也认识了货币。在学习百分比知识时，可以结合利率、复合利率等知识，让学生学习银行、保险公司的利率计算。在历史课上，教师可以讲授有关银行、社会保障等知识点。整合的课程模式有效地解决了在不增加课时的前提下，提高学生财经素养的问题，并且这种整合还增加了原有课程的实用性，培养了学生解决实际问题的能力，调动了学生的兴趣，受到了家长的欢迎。在白皮书的带动下，财商教育逐渐找到了融入中小学教育的路径。

2003 年 12 月，美国国会通过了《财商教育促进法案》（*The Financial Literacy and Education Improvement Act*）。这部法案为美国财商教育的实施提供了基本法律框架，推动了美国财商教育的发展，是美国财商教育发展史上具有里程碑意义的事件。在政策执行层面，该法案的重要内容之一就是成立财商教育委员会，财商教育委员会是美国财商教育发展的重要推动部门，由财政部牵头，美联储、金融消费者保护局、农业部、教育部等 20 多个联邦政府机构及组织参加，委员会主席为财政部部长，副主席是消费者金融保护局局长，日常工作由财政部消费者政策办公室负责。委员会成立的目的是建立一种跨部门的组织，建立跨部门工作机制，协调与调度多个联盟部门的工作。根据法案的要求，委员会的任务主要包括六项：第一，制定财商教育国家战略；第二，建立财商教育官方网站，将联邦政府有关财商教育和项目拨款的信息在网站上公开，整合多个联邦部门的财商教育网络资源；第三，开通提供财商咨询的免费热线电话；第四，明确联邦政府部门之间职能交叉重合的地方，由委员会协调联邦的各个委员会，确保国家战略的顺利执行；第五，评估联邦财商教育实施的效果、效率和效益，公布考核报告；第六，促进联邦政府、州政府、地方政府、非营利组织、私人部门之间的合作。法案要求财商教育委员会至少一年修订一次财商教育国家战略，要求财政部开展多媒体公共服务的试点运动，充分发挥多媒体在信息传播方面的优势，扩大财商教育的受益范围，开展广泛的宣传推广运动，让更多的公众更深入地了解财商教育的意义，获得财商教育信息，并能积极参与财商教育。财商教育委员会的根本任务是从国家战略层面推动财商教育发展，保证全体美国公民和家庭的财经福利。事实证明，财商教育委员会一经设立便高效运转，每隔4个月左右召开一次工作会议，邀请来自金融教育、联邦政府职能部门、州政府的相关人员等代表出席，分享和交流在各个行业的经验和最新研究成果，全面推动财商教育发展委员会将每年4月定为"财经素养月"。

财商教育委员会成立后，在推动美国财商教育发展方面发挥了积极的作用，特别是其分别于2006年、2011年、2016年和2020年制定或修订了财商教育国家战略计划，对财商教育的发展产生了深远的影响。2006年，财商教育委员会制定了美国首个财商教育国家战略——《掌管未来：财经素养提高之国家战略》。该战略描述了美国国民在财经素养方面遇到的挑战、问题以及财商教育的必要性。该战略从一般储蓄、房产权、退休储蓄、信用卡的使用、消费者权益保护、纳税人的权利、投资者的保护、银行账户管理、跨语言和跨人口的多样性、早期理财教育十个方面分析了美国国民在财商方面的现实困境、挑战和机遇。并从五个方面提出改进措施：一是唤醒与提高国民的意识水平，让国民深刻意识到提高财商的必要性，充分理解财商教育的意义，意识到财商教育与个人的幸福生活密切相关；二是建立财商教育数据库，主要发挥网络的作用，整合所有相关部门的财商教育基础数据和基本材料，公开、免费上传在网站上，供有需要的人随时查阅和使用；三是开展广泛的宣传，充分利用网络、电视、广播、报纸、杂志、宣传栏等广泛宣传财商教育的重要意义，并对优秀的财商案例进行重点宣传，发挥榜样的影响作用；四是建立有效的伙伴关系，由于财商教育覆盖面广，单靠政府部门很难独自完成，因此联邦政府开展与州政府和地方政府、私营部门、非营利组织之间广泛的合作，鼓励全社会的所有机构积极参与财商教育事业；五是支持财商教育学术研究和绩效评估，开展学术研究解决财商教育的基本理论问题，开展绩效评估，解决财商教育实施过程中的效率和效果问题。

2007 年，美国议会规定每年 4 月为"金融扫盲月"，旨在营造氛围，推广财商教育。在"金融扫盲月"，金融机构、学校联合举办金融知识宣传及普及活动。更为重要的是，同年，美国联邦政府授权非营利组织 Jump $tart 联盟发布《个人财商教育国家标准》。该标准更加具体、系统、科学和全面地从知识和能力的角度分别对四年级、八年级和十二年级，共三个年级段的学生应具备的财商标准进行了规定，保障了美国学生在高中毕业时就可以具备基本的经济金融知识和财经能力，可以为个人的经济幸福承担责任。这是美国财商教育向标准化发展的第一步，对全国财商教育的实施具有很强的指向性和规范作用，特别是对于中小学而言实施财商教育的目标更加明确。

2010 年，《消费者保护法案》和《多德-弗兰克华尔街改革和消费者保护法》进一步强调了财商教育的内容，并规定凡是享受联邦 TRIO① 项目的学生必须接受财商咨询。这一政策对高校开展财商咨询工作、开设财商教育讲座和财商类课程产生了直接的影响。同年，奥巴马签署行政决议成立"财经素养总统顾问委员会"，对财商教育的有序实施发挥了积极的作用。2010 年，美国教育部发布《全人教育》报告，旨在提高美国各级各类学校教育的效果，报告将财商提升到与 STEM（科学、技术、工程和数学，即 Science、Technology、Engineering、Mathematics 几个单词的首字母）、财经历史、语言等同等重要的

---

① TRIO 是在多个资助项目的基础上发展起来的。最初的项目是在 1964 年"反贫困战争"中，依据《经济机会法》设定的专门资助大学生入学的"Upward Bound"项目。1965 年根据《高等教育法》出台的"Talent Search"，专门资助有发展前途却家境困难的大学生。1968 年根据《高等教育修正案》出台的"Student Support Service"用来资助大学生完成学业，提高大学的保持率和毕业率。

地位，财商被认为是每个人应该具备的基本素养。

2011 年，财商教育委员会修改并出台了新的战略规划——《促进美国经济的成功：财商教育国家战略》（以下简称"战略"），该战略确立了政府、非营利组织和私营部门的共同目标，即提高公民财商水平。在这个目标下，全社会各种组织的积极性被进一步调动，全员参与财商教育的体系基本建立。战略还明确了要改善个人及家庭财经决策能力，具体需达成以下四个目标：一是提高财经教育意识并提供有效的财商教育；二是确定并整合新的财经能力；三是完善财商教育基础设施；四是确定、提高并分享有效的财商教育实践①。每个大目标下还包括具体的小目标，如为分享理财知识和教育信息，建立一个协调一致的支持网络，将居民与地方和国家范围内的教育资源和服务联系起来；在财务决策关键点，如购房和上大学时，提供公正、易懂的财商教育资源，并将其作为学校、学院、职业技术中心和工作场所共享的教育战略的一部分；建立财商教育提供者和顾问网络，提供信息共享的机会；采取措施，提高合作伙伴、导师等的工作效率；鼓励将理财知识融入与行为相关的战略经济学和决策心理学学科理论、教材及课程内容等；制定方法定期衡量个人和家庭的财务知识和决策能力等②。战略从国家层面全面推动财商教育的普及，这是该战略在上一版框架基础上的进一步深入，是新时代背景下推动财商教育的新举措，其重大的进步是各种财商教育目标更加明确，指向更加鲜明，操作性更强，对全社会各界开展财商教育更具有引领意义。

2012 年，美国发布了《个人财商教育国家标准》（详见附录 1），将财商水平分为三个层次，规定了学生在四年级、八年级和十二年级应该具备的财商水平，对美国实施财商教育活动发挥了重要的指导与规范作用。严密的政策搭建了美国国民教育开展财商教育的基本框架，指明了财商教育的发展方向。

---

① 王春春．国内外财经素养教育政策概述 [J]．全球教育展望，2017（6）：35-42.
② 李先军，于文汇．美国构建理财教育体系的经验与启示 [J]．2018（16）：6-13.

2012 年，为落实财商教育国家战略，财商教育委员会提出"及早开展财商教育"的倡议并组织实施。委员会认为小学时代是开展财商教育的机会窗口，可以种下财商的种子；此外，青年是人生的关键期，在这个时期开展财商教育，将产生深远的影响，有助于青年人今后管理个人的财务，包括上大学期间需要缴纳的学费、生活费、活动费等各种费用的规划以及买房、结婚、退休金等人生重大财务问题的决策。持续接受财商教育的学生对自身的金融行为更负责任。该倡议巩固了及早进行财商教育的意识及方法，将中小学实施财商教育的基础进一步加固。

2013 年 6 月 15 日，美国前总统奥巴马签署了 13646 号行政命令，成立"美国青年人财经能力总统咨询委员会"，委员会的职责是为总统和财政部部长提供如何在学校、家庭、社区、工作场所开展财商教育以提升青年人财商能力的建议。委员会成员由财政部部长、教育部部长、消费者金融保护局局长以及 22 个非政府组织成员组成，委员会工作周期到 2015 年 6 月 25 日结束。委员会成立的时间虽然不长，但其工作对财经教育委员会工作是一种支持和加强，推动了财商教育事业的发展。

2019 年，财商教育委员会发布的《高等教育机构中财商教育最佳实践》手册指出，高等教育机构应该培养让学生终身受益的财经能力，以帮助学生管理个人财富、积累财富并实现个人的经济目标。手册从课程、教师等方面总结了美国高等教育机构在财商教育方面的成功经验，并提出下一步发展建议。手册对美国高校改进和完善校内财商教育发挥了示范作用，具有很好的参考价值。

总之，在这个时期，独立的、成体系的财商教育政策的制定与发布的数量明显增加，财商教育的精神和内容也在多种法规、政策文本中得以体现，这标志着财商教育已经成为美国政策层面的共识，进入美国政策制定的最高层。全面提高全民的财商已经成为美国各界的共同目标。通过财商教育国家战略的发布，财商教育政策目标更加清晰，财商教育早已不是一种应急的措施，而是一种长期的能力建设。财商教育的内容也更加丰富。财商教育政策的执行也得到了加强，既有专门的联邦级执行机构，绩效考核制度、部门之间的合作机制得以理顺，公共部门与私人部门、非营利部门之间的合作得到加强，财商教育政策的实施更加顺畅。在财商政策执行层面，起到关键作用的是财商教育委员会，委员会的建立和高效运转极大地推进了财商教育在全国范围内、在各个层面上获得深入的发展。

（四）全面推广期（2020年至今）：财商教育政策区域规模化与系统化发展

2020年，财商教育委员会发布了标志性的国家战略——《财商教育国家战略2020》，提出实施财商教育对于推动经济发展、构建强大而有弹性的经济体系非常重要，每一个美国公民都应该具备财商技术、掌握财商知识，唯有如此才能充分彻底地参与到经济活动中。2020版美国财商教育国家战略主要包括两大部分：一是更加明确提升财经素养、进行财商教育的方式方法；二是明确联邦政府的角色、优先领域和提升财商教育的框架。财商教育委员会提出了提升财经素养和财商教育方法：8种常用做法（分别是：了解服务的家庭和个体，提供可行的、相关的、及时的信息，提高关键技能，调动参与者的积极性，使操作简单易行，确定教育者的标准，提供持续的支持，对效果进行评估）、年轻人财经素养的模块和未来的打算。对财商教育委员会的功能和结构进行了调整，重点是成立了5个战略执行的工作组（分别为：财商基础能力工作组、军队工作组、中学后教育工作组、住房咨询工作组、退休储蓄和投资教育工作组），中小学阶段的财商教育逐渐成熟稳定，社会和高校中的财商教育仍有很大上升空间。继续强调开展财商教育研究的重要性，加强财商教育项目的效果评估和考核。明确联邦政府在财商教育过程中组织、协调的定位。

新的外部环境，新的财商教育国家战略，从19世纪20年代开始计算，美国的财商教育经历了近百年的风风雨雨、历经多次经济的大起大落与多届政府的更迭，外界的风云变幻不仅没有动摇反倒更加坚定了美国大力推动财商教育的信心，更加认清了实施财商教育是对整个国家、社会以及公民个体都极具正面意义，财商教育的核心思想得到延续。同时，财商教育的实施举措不断创新，一套部门之间配合严密，各界积极参与，有理论研究支持，有科学标准指引，有广泛群众基础支持，有严谨的绩效制度考核的财商教育体系在美国全面推广。

第二节 美国财商教育政策特点分析

一、政策理念明确

美国财商教育政策的出台和执行不能脱离其固有的制度框架与社会关系，以往政策研究多从制度、利益的角度展开，分析政策制定和执行的制度框架。本书则主要从理念的角度进行，有关财商教育的理念会塑造政策制定者对财商教育需求的理解，进而引发政策内容与执行方式的变化。

社会政策的理念是指制定各种社会政策时的基本指导思想，如平等、公平、需求、自由和权利等。[①] 财商教育政策理念则是在制定财商教育政策时的基本假设和指导思想。纵观多年来美国颁布的多个财商教育政策文本可以发现，其财商教育理念基本一致且非常明确。具体来看，在价值层面，财商教育事关公平，是全体公民的共同需求，财商教育政策力求所有的人都能接受到财商教育，在中小学阶段，学校不仅要保证每个学生都能平等地接受相应的教育，而且还要考虑教学方法和教学内容可以适应不同家庭背景的学生；在成人教育领域，近年来，对弱势群体如低收入家庭、居住在偏远地区的人群以及少数人口等出台了专门的政策用以确定政策的覆盖面。具体来看，在财商教育的

---

① 魏炜. 新加坡社会政策理念探析［J］. 赣南师范学院学报，2014（8）：38-41.

目标层面，始终认为财商教育对个体的幸福人生、对国家经济发展和社会稳定都意义重大。在内涵层面，认为财商是个体的基本素质和基本能力，是处于人才培养的基础性层面。在时间范围层面，财商教育的实施越早越好，最好从家庭教育开始，持续进行财商教育对于提升个体财商水平具有显著的效果。在政策对象方面，包括全体公民，涵盖了从幼儿到老年人在内的全体公民，为中学阶段的财商教育设立了标准，为其他年龄段人群的财商教育提供了参考意见。在财商教育的实施机构层面，认为财商教育不是政府或公共部门或公民个体能单独完成的，财商教育是一种在最广泛范围内将所有的机构都团结在一起才能得到最有效的实施的教育。在财商教育体系方面，明确了以学校教育为主，以家庭教育、社会教育为辅的构建理念。财商教育形式灵活多样，不拘一格。小学各年级的教学通过故事、视频、歌曲、游戏和活动等形式将储蓄、货币的运转等基本概念引入了课堂。初中课堂教学开始引入现实世界的概念，如预算、收入、创业和投资等。高中阶段的课程是为了让学生在日后作为成人消费者做准备，其中个人理财课程可以是单独的课程，也可以被整合到经济学、消费者科学、数学、社会研究或商业等其他学科中。在大学阶段的教学，咨询、报告、专业课程、竞赛、创业活动等形式更加多样。而在社会教育层面，听报告、听宣讲、看线上视频、基本的实践操作等都有助于提升公民的财商。

二、联邦政府发挥着重要作用

美国在教育方面是一个分权的国家，根据美国宪法"保留条款"，即"本宪法所未授予合众国或未禁止各州行使之权力，皆由各州或人民保留之①"。州和地方政府掌握着巨大的教育权力，联邦政府虽然有广泛的影响，但是州负主要责任。因此，美国很多教育改革和创新是从州和地方层面推动的，联邦政

---

① 霍力岩. 学前比较教育学［M］. 北京：北京师范大学出版社，1995.

府不做太多的干涉。而财商教育不同，从一开始，联邦政府就表现出极大的兴趣，并积极推动其发展，联邦政府高度重视财商教育工作。联邦政府负责或者参与财商教育工作的部门由临时走向稳定，由单个部门走向多个部门，并且部门之间联系越来越紧密，并成立专门的协调部门。联邦政府通过多种方式推动财商教育发展。联邦政府中比较常见和重要的职能部门都参与到财商教育的推动工作中。推动方式除前文所述的出台各种法律、法规等制度保障外，还有提供信息、经济刺激、绩效管理、科学管理等多种政府治理工具。

（一）看重多部门协作，建立牵头机构，推动分工合作

全民的、终身的财商教育是一项牵涉众多、规模浩大的工程，任何一个联邦部门都没有办法单独完成全部的职能，必须所有的相关部门通力协作才能保证财商教育政策实现预期的目标，取得理想的效果。多个部门参与的管理，如何有效协调是一项更加复杂的工作，如果不能协调得当，会造成资源的浪费。目前来看，美国联邦政府在多部门分工合作方面的经验体现在三个方面：

第一，建立专责机构，即财商教育委员会——是美国联邦政府在财商教育方面最重要的协调机构，委员会所设的执行委员会由财政部牵头，由联邦政府中与财商教育工作关系最密切的 12 个部门组成，如消费者金融保护局（The Consumer Financial Protection Bureau，CFPB）是联邦政府的第一个以保护消费者金融权益为职能的部门。消费者金融保护局一方面关注美国金融市场的安全，另一方面非常重视培养消费者的金融技能、财经素养，并认为后者是保证消费者金融权益的根本办法。消费者金融保护局主要关注的是已经参加工作的人的财经素养的培养，侧重于培养他们的为退休储蓄、健康投资、生命保险、孩子照料、医疗储蓄等人生重大事项的财经规划能力和习惯。各个部门的部长为委员，如表 2-1 所示，其目的是最大限度地整合所有的联邦资源，在最广泛的范围内推动财商教育。

表 2-1　财商教育委员会（Financial Literacy Education Committe，FLEC）成员一览

财政部（部长任主席）	劳工部（DOL）	国家信贷联盟行政署（NCUA）
消费者金融保护局（局长任副主席）	退伍军人事务部（VA）	通货审计官办公室（OCC）
农业部（USDA）	联邦储备系统理事会（FRB）	人事管理局（OPM）
教育部（ED）	美国期货交易委员会（CFTC）	证券与交易委员会（SEC）
国防部（DoD）	联邦存款保险公司（FDIC）	小企业管理局（SBA）
健康与人力服务部（HHS）	联邦应急管理局（FDMA）	社会保障总署（SSA）
住房与城市发展部（HUD）	联邦贸易委员会（FTC）	白宫国内政策委员会（DPC）
内政部（DOI）	综合服务管理局（GSA）	

资料来源：根据 FLEC 官网信息整理。

第二，合理分工。由于参与部门众多，委员会刚刚成立的时候各部门之间联系较松散，各自为政，财商教育资源不合理使用与资源欠缺的情况并存，工作效率不高，造成了一定的浪费。为了更有效地开展工作，工作模式不断改革，2020 年之后，重新进行调整，根据财商教育工作的实际需要，设立五个工作组，每个工作组由一个成员单位牵头，分别是：财商基础能力工作组（消费者金融保护局牵头）、军队工作组（国防部牵头）、中学后教育工作组（教育部牵头）、住房咨询工作组（住房与城市发展部牵头）、退休储蓄和投资教育工作组（劳动部牵头）。这种设计模式，一方面极大地调动了职能部门的工作积极性，另一方面也对各自的工作范围进行了更清晰的界定，避免了交叉重合，也便于考核评价。

第三，集中资源，建设数据库。委员会的每个成员部门都有大量的财商教育方面的信息，数量巨大，个人很难搜集齐全，为了解决这个问题，财经教育委员会开设官网，将所有成员的信息资源集中到官网上。只要登录官网就可以根据主题一站式浏览所有的相关信息，该网站由所有的委员部门共同管理、共同建设，所有的部门都将本部门职责范围内的财商教育信息和资料上传，共同组建一个完整和系统的财商教育资料库。如针对青少年、父母、研究者、教师等群体提供有针对性的财商教育信息、课程、宣传册、研究报告、讲座、沙龙等各种活动的时间、地点，计算小程序等内容。这些内容非常实用，得到了广泛的关注和认可。教育部推出的"大学积分卡"（College Scorecard）为即将升入大学正在学校间的比较和选择的学生提供了财经方面信息进行对比，网站中集合了全国绝大多数高校专业的上学花费、毕业预期工资、历史数据、可获得的奖励等数据资源。教育部还开发了"学生资助选择单"，集中向学生提供有关上学期间可获得的来自各级政府、社会各界以及学校的资助信息。

在财商教育委员会的带动下，联邦其他部门也积极响应，在部门内部进行功能的重新划分，或成立新部门负责财商教育事务，出台了实际性策略、研究报告等推动相关工作（见表 2-2）。美联储在总部设立了专门负责财商教育的办公室，还在 12 个联邦储备银行设立相关部门，通过项目、共享信息、提供资源等方式开展财商教育宣传活动。美联储定期举办全国性的财商教育校园挑战赛，邀请学生参观联邦储备银行。此外，还有多个重要的联邦部门也在推动财商教育方面发挥着积极的作用。美国政府绩效办公室（Government Accountability Office）非常认可财商教育的正面意义和价值，在国会听证会上，对财商教育的意义和价值进行了正面的肯定，对联邦政府各个部门的财商教育推进情况进行监督和考核，将财商教育的影响扩大到更广的范围，并且组织了本部门内部的财商教育培训。

表 2-2　联邦政府各部门推出的财商教育项目/负责部门

部门	项目/负责部门
联邦储备系统管理委员会	消费者与社区事务局、公共事务办公室
消费者金融保护局	财商教育办公室以及其他办公室
农业部	家庭与消费者经济项目
国防部	个人财经管理项目（落在家庭支持中心）
卫生与人力资源部	国家妇女与退休人员计划教育与资源中心

续表

部门	项目/负责部门
劳工部	储蓄及退休储蓄教育运动
	Wi $eUp 项目
财政部	财经教育办公室（现合并到财商教育委员会）
	财经教育与财经事务办公室（现合并到消费者政策办公室）
	my RA[a]
	Money Smart 课程
	你的钱，你的目标
联邦贸易委员会	消费者与商业教育局
通货监理局（OCC）	消费者教育事务
人力资源管理办公室	现在就为退休准备项目
证券交易委员会	投资者教育与建议办公室
住房与城市发展部	住房咨询援助项目
美国友邻[b]	国家减少止赎咨询项目和其他房屋咨询项目

注：a 是财政部开发的一款鼓励年轻人储蓄的产品，年轻人可以免费申请一个账户，通过工资扣除的方式进行储蓄，进而养成储蓄的习惯。b 为"Neighbor Works America"，来源于 20 世纪 60 年代晚期的社区运动，其目的是提供更好的居住条件。现在是一个国家机构，归国会管理并提供经费，专门用来支持致力于社区住房改造的小型非营利组织。

资料来源：根据联邦政府官网信息整理。

（二）提供经费支持

全面系统地整理联邦政府在财商教育方面的投入经费数额非常困难，因为很多财商教育项目是更大项目的子项目，没有单独的财政预算，有的财商教育项目涉及多个部门，经费来源复杂，无法清晰地计算出经费的具体数字。据不完全统计，每年联邦政府用于财商教育的经费有 27300 万美元[①]，财政部设立了"财经授权改革基金"专门为推动财商教育改革提供经费支持，2014 年，财政部划拨 620 万美元支持 11 个研究项目，致力于让美国人获得安全、可靠

---

① Steven T. Mnuchin, Jovita Carranza. Federal Financial Literacy Reform Coordinating and Improving Financial Literacy Efforts［EB/OL］. https：//files. eric. ed. gov/fulltext/ED611168. pdf, 2019.

的财经产品和财经服务。2017 年，联邦政府通过财商教育委员会的各个部门用于财商教育的经费结构如图 2-1 所示。主要通过三个渠道为财商教育提供经费，一是从 2009 年开始，每年拨款 2.5 亿美元作为财商教育的专门经费；二是联邦储备银行设有财商教育专项基金；三是参与项目合作的机构所承担的费用。全国财商教育基金会自 2006 年开始，资助财商教育方面的研究，到 2021 年资助经费超过了 500 万美元。

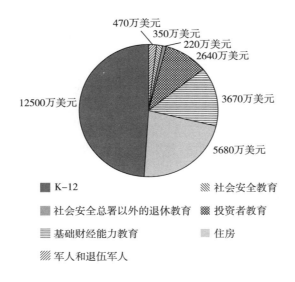

图 2-1　2017 年美国联邦政府财商教育经费结构

资料来源：https：//files. eric. ed. gov/fulltext/ED611168. pdf.

（三）加强财商教育的科学研究

严谨的科学研究结论是决策的可靠依据。美国各级政府历来重视科学研究对政府决策的支撑作用。几乎每一项重大的政策或者改革都伴随着大量的常年的科学研究。在美国广泛实施财商教育政策、大力发展财商教育的过程中，全程伴有严谨的学术研究的支持。财商教育领域有很多问题还没有研究透彻，如有效的教学方式、丰富的教学内容、有针对性的教学设计等，同时财商教育也不断地面临新的问题。因此，美国政府特别看重财商教育研究，并着力发动全社会的力量积极投身财商教育研究。财政部召集了一批专门研究财商教育的研究人员，召开座谈会，确定财商教育研究的方向和策略，为自身的财商教育政策提供智囊支持。财商教育委员会每年定期组织学术讨论会议，参会人员有实业界的，更有专门从事学术研究的，他们在一起汇报进展，碰撞思想，推动着美国财商教育研究的发展。财商教育的国家战略，也有专门论述财商教育研究的内容，鼓励全社会特别是具备基础和实力的科研院所以及个人积极开展财商教育研究。在此影响下，很多大学建立了专门的研究机构，如乔治城大学的"信贷研究中心"（Credit Research Center），宾夕法尼亚大学沃顿商学院的"退休金研究委员会"，以及华盛顿大学圣路易校区的社会发展中心等，这些机构在财商教育研究方面取得了不俗的成绩。此外，也有大量的学术研究人员提供了很多财商教育研究成果，为美国财商教育发展作出积极的贡献。

三、采取有效的监控手段

联邦政府通过制定财商教育标准和绩效考核的方式，监控财商教育政策的执行，确保财商教育政策效果落到实处。

财商教育标准的制定标志着财商教育的成熟和财商教育管理的规范。在美国财商教育发展史上，通过官方以及社会机构等渠道发布了多个财商教育标准，都曾经在一定范围内产生过影响。如财政部出台的《财经素养核心能力》、财经教育委员会发布的《个人财商教育国家标准》、美国金融业监管局（The Financial Industry Regulatory Authority，FINRA）投资者教育基金会发布的《美国财经能力》等，对美国财商教育的发展具有一定的约束、示范、指引作用，直到今天为止这些标准也没有完全被废除，仍然在发挥着作用。但出于各种各样的原因，上述标准影响都比较有局限性，真正在全美国影响最广泛的标准有两个：一个是2007年，联邦政府授权Jump $tart联盟发布的第三版《个人财商教育国家标准》（目前已修订至 2021 版，详见附录 1），因为是通过社会机构发布的，因此该标准并非强制性的，没有要求任何学校、社会教育机构或财商教育实施机构必须遵从。但由于该标准论证严谨，设置合理，再加上当时美国财商教育蓬勃发展，缺少一个值得信赖的、共同的指引。因此，该标准发布后，立刻为美国大多数州所认可，很多州在财商教育实施过程中自觉按照该标准的要求进行实施。该标准对各个州财商教育政策具有一定的示范效应，许多州都以此为基准设立本州财商教育标准或依据这个标准开发课程。另一个是 2012 年财商教育委员会发布的 K-12《财经素养国家标准》（*National Standards for Financial Literacy*），该标准成为美国学校管理者、教师、社会机构实施财商教育的有效参考。标准规定学生应在六个领域达到基本要求：收入、购买物品和服务、储蓄、使用信用卡、经济投资、财产保护和保险。标准重视学生对决策技能的运用，包括设立目标、作出决策、评估结果。根据不同阶段学生的身心特点和认知能力的差异，标准分别规定了四年级、八年级和十二年级学生应具备的财商标准[①]（详见附录 1）。

除综合性的财商教育标准外，在一些相关的领域，也有相应的标准存在，比如在理财教育方面。1972 年，美国创立了理财教育机构，并制定了理财师认证制度，这是理财教育独立形态形成的标志。1973 年，该组织的首批 42 名毕业生获得了理财师（也有人翻译为财经规划师）（Certified Financial Planner）资格证书，1978 年，美国成立了理财师认证委员会（Certified Financial Planner Board of Standards，CFP Board），这是一个非营利组织，为所有从事财经规划的人员提供专业的、高质量的认证。凡是获得证书的人，更容易得到认可和获得工作机会。这套认证保证社会上提供财商教育的从业人员的基本素养。2021 年，全美有 9 万多人获得了该证书，获得证书的毕业生成为推广财商教育资格

---

① 王春春. 协同合作，提升全民财经素养——财经素养教育的美国行动［J］. 教育家，2019（8）：26-27.

活动的重要团体。

美国是一个重视绩效考核的国家，在财商教育的管理方面同样如此。联邦政府绩效办公室定期对财商教育委员会所制定战略进行绩效考核，分别于2006年和2007年对第一个国家战略进行绩效分析。美国全国财商教育基金会开通了一个名为"toolkit"的网站，面向学校和非营利组织的教师免费提供检测服务，用来检查财商教学效果。美国消费者金融保护局在经过大量科学研究和实践检验的基础上，开发了一套财经幸福量表，详见附录2、附录3，通过认知测评、影响因素测评和心理测试三个环节提供定量的幸福数据，为财商教育实践者和研究者提供有效的工作参考。

四、发挥州、地方政府、私人机构及非营利机构的作用

美国是一个实行教育分权制度的国家，州和地方政府享有很大的自主权，在美国财商教育发展中也扮演着重要的角色，发挥着关键的作用。因此，美国联邦政府非常重视对州、地方政府的积极性的调动。在总统财经能力顾问委员会的推动下，全国成立了110个财经能力顾问委员会，为各个州、城市、地方提供财商教育方面的咨询。2008年成立的"财经授权城市联盟"，2012年成立的"财经授权城市基金"在推动城市财商教育发展中，特别是推动财经授权战略工作中发挥了积极的作用，很好地建立了公共部门和私营部门在财商教育中的合作关系。

除联邦政府采取立法等各种形式推动财商教育发展外，各州也通过法律、条例、政策积极促进财商教育发展。2005年，有29个州相继采用立法的形式要求中小学实施财商教育。2014年，美国的50个州全部设立了中学经济课程标准，其中有45个州要求实施该标准。2022年，有25个州要求中学生只有上过经济学课程才能毕业，23个州要求上过个人理财课才能毕业（见表2-3）。根据美国经济学教育委员会的相关统计，各个州财商教育参与比较积极，处于稳定发展的状态。

表2-3 CEE调查的近六年各州的经济学改革情况一览　　　单位：个

年份	要求高中开设个人理财课程的州	要求高中开设经济学课程的州
2018	17	22
2020	21	25
2022	23	25

资料来源：根据CEE官网发布数据整理。

以肯塔基州为例，州政府主要通过两个渠道推进财商教育：第一个渠道，也是最广泛应用的一种方式是由州政府设立财商教育项目。如肯塔基州财商教育准备项目（CPE's GEAR UP Kentucky）在2012~2017年为1500多所中学和高中学生提供服务，奠定了财商素养课程在中学课程中的基础性地位。项目的内容包括：个人预算、储蓄、借贷责任、财政辅助、大学申报程序等内容。项目同时也提供财政资助、培训工作坊和在线咨询服务。再如，肯塔基州高等教育援助局（Kentucky Higher Education Assistance Authority，KHEAA）为高中生和成人提供财商教育培训项目，凡是对上大学感兴趣的人，都可以申请参加培训。肯塔基州高等教育援助局还录制了财商教育方面的视频、开发了财商教育游戏。培训师们同时也在大学中提供相应的服务。州财政局长也推出一项改革为K-12以及大学生提供财务方面的支持，包括债务管理、储蓄、信贷管理和资源管理等内容。第二个渠道，通过制定标准将财商教育融入教学体系。肯塔基州P-12从小学到高中的教育系统中学术标准共涉及阅读与写作、数学、社会科学、科学、健康教育与体育、视觉与行为艺术、计算机科学、生涯规划与财经素养、世界语言、媒体、技术11个专项标准[①]。其中，生涯规划与财经素养专项中规定，公立高中的学生必须接受财商教育，否则不能毕业，详细要求见表2-4。明确

[①] 王春春．协同合作，提升全民财经素养——财经素养教育的美国行动［J］．教育家，2019（8）：26-27.

表2-4　青褚基州各年级对财商素养要求一览

	职业、教育与收入	信用与债务	决策与金钱管理	储蓄与投资	金钱与经济	保险与危机管理
三年级	知道人们需要工作获得收入来满足基本的需要	可以解释买与借的区别	明确根要和需求之间的区别，及其与消费之间的关系，知道财经决策的原因。明白为什么计划有助于金钱的管理。能够解释财经决策是如何影响长期目标和短期目标的实现的	调查不同的储蓄方式	区别购买的货物、服务	知道保险如何能保证资产的安全。能解释为什么不能把个人信息与陌生人分享
四~五年级	比较出不同职业的不同收入。了解收入渠道	理解信用卡是一个基础的理财工具。解释为什么用信用卡比用现金贵	区分影响消费模式的因素（如同辈的压力）。设计预算（包括收入、花费、储蓄）。解释为什么财经管理是人生成功的必修课	理解投资的原理。分析人们投资的原因	比较不同的支付方式（如签单、信用卡、网络支付、手机支付等）。描述金融机构提供的服务。理解交税	知道保险的目标并能够举例说明保险可以避免的金融风险。举例说明哪些个人信息是不应该透露给别人的
六~八年级	根据职业选择和家庭生活需求设定财经目标。解释如何才能获得收入，或者没有收入。解释净收入	对不同的信用卡进行比较。用信用卡的好处	评价财经管理资源，并解释它们是如何有助于实现个体和家庭的目标的：①为财经目标设定优先顺序；②制作一个预算（包括收入、支出、储蓄）；③根据不同的财经长短期目标设计储蓄计划和预算。在购物的时候使用何种决策战略对不同的产品和服务的要素进行比较（如价格、品牌、质量等）。调查传媒、技术是如何影响家庭的消费决策：①了解消费者的购买行为如何受到社会因素、经济准则、同辈压力、欲望、地位和广告的影响；②解释广告的正、负面作用	举例说明现有的投资以及未来的投资增长情况。人可进行的投资	比较需、求之间的关系，解释它们在满足消费者需求方面的作用	研究联邦储备保险的覆盖范围和局限性。调查保险在避免财政损失方面的作用

续表

	职业、教育与收入	信用与债务	决策与金钱管理	储蓄与投资	金钱与经济	保险与危机管理
九~十二年级	明确教育与财务选择对财务的影响： 明确职业选择对财务的影响： ①确定职业与个人收入之间的关系； ②评价教育、培训与收入之间的关系； ③比较作为雇员和自主创业之间的优势和劣势。 发现经济如何影响个人收入和职业机会。 比较高等教育中各种经费资源的成本： ①明确经费资源（贷款、奖学金、助学金、勤工助学、入伍）的成本。 ②评价工资收入以及它们是如何增加工作的价值的退休计划。 ③意识到工资与福利是如何变化的。 分析影响净收入的因素： ①了解工资扣税； ②区分毛收入、净收入、应税收入之间的异同； ③明确报税改革影响净收入的目的	制定控制与管理信用与债务的战略： ①理解信用报告的组成部分； ②信用积分对消费者财经选择的影响； ③对不同机构提供的信用咨询服务进行比较； ④理解破产的原因与含义。 分析使用信用卡的成本： ①讨论信用卡的利率； ②基本的信用卡利率； ③描述使用信用卡的风险和权力、用卡的义务和权力	明确为什么人们会做财务决策： ①评价情绪、态度、行为在财经决策中的作用； ②意识到个体对自己的财经选择负责； ③分析长期和短期财经决策的机会成本。 学会应用决策模型做财经决策。 明确个人预算过程的组成要素： ①将目标建立在收入的基础上； ②预算是建立财经模型的和重要作用； ③明确固定的、可变的和周期性花费等级很重要； ④确定多种预算工具进行比较； ⑤重视比较预算、购买战略、讨价还价的作用； ⑥了解个人的财经文件进行很好的保存服务。 ⑦对个人主要的金融机构及它们的产品和服务。 展示如何使用不同的还款方式： 对各种金融职业进行比较（如金融计划师、咨询师、注册会计师等）	了解金钱的时间价值： ①比较储蓄和花费之间的机会成本； ②分析通货膨胀及其对购买力的影响； ③计算复合利率的好处。 对不同的投资进行比较： ①定期存款和不定期存款之间的比较； ②比较出传统的和现行的退休账户之间的区别； ③比较不同公司的退休政策； ④描述交互基金、股票和债券。 理解谨慎的投资战略对人生目标的重要意义： ①风险回报； ②风险承受能力； ③多元化； ④投资组合平衡	理解金钱在社会中的作用： ①理解金钱的功能； ②解释金钱在促进贸易、借债、投资、比较货物和服务中的价值中的作用； ③解释通货膨胀的含义。 理解金融中介机构在经济中的作用。 解释政府的社会保收税收如何促进社会发展，调整各种行为。 解释市场在价格和物资分配中的决定作用。 解释政府社会安全的策略，知道权威机构的职能，如： ①联邦储备系统； ②国家信用联盟公司； ③国家证券交易委员会； ④联邦贸易委员会； ⑤金融监管局； ⑥内政部； ⑦国家监管机构	掌握基本的风险管理战略，包括保险、法律合同、应急基金、遗产计划等。 分析各种保险的成本和好处： ①明确主要的保险种类：债务保险、财产保险、健康保险、房产保险、残疾保险等； ②理解保险的税收含义。 保护个人财产信息安全的策略： ①了解避免偷窃和诈骗的方式； ②知道处理偷窃和诈骗事件的程序； ③了解识别金融骗局（如庞氏骗局）的方式

资料来源：根据犹他州教育局出台的各年级学术标准整理而来。

的财商教育标准，规范了学校财商教育实施的行为，提高了学校的工作效率，最大限度地保障了财商教育效果。同时，肯塔基州政府也为学校开展财商教育提供了一些辅助性的资源，如建设财商教育数据库，提供国内甚至国际上最新的财商教育咨询、开展学术交流会议等，这些都为学校开展财商教育提供了强有力的支持，也在一定程度上营造了财商教育文化和氛围，所有的人更容易理解和接受财商教育。

其他州在推动财商教育方面也有一些积极的作为，为美国财商教育事业的发展贡献了重要的力量。比如，威斯康星州的教师培训项目具有一定的影响力。每年夏天，威斯康星州政府组织企业和学术机构的专业人员，在当地大学校园中举办为期一周的财经素养培训活动，培训的对象为来自中小学的教职员工，培训的内容包括个人财务管理、经济学、储蓄与投资、保险、信用卡、创业以及财商教育的教学方法和技巧等。培训的目的是提高中小学教师的财商教育技能和教学自信，以帮助中小学教师更好地开展财商教育，包括单独的财商教育和将财商教育内容融于原本的课程中等多方面的内容。西弗吉尼亚州成立了由州政府、私人企业和教育机构组成的财商教育联盟，负责为教师提供财商教育培训。其培训内容与威斯康星州类似，其亮点在于培训形式更加灵活，既有在寒暑假期间开展的集中培训，也有周末进行的培训；既有现场培训，也有线上培训；既有课堂教学，也有沙龙、学术会议、观摩教学、模拟教学等，形式多样，非常贴近教师日常教学状态，教师们选择空间更大，效果明显，吸引了很多中小学老师参加。亚利桑那州政府要求所有高中级别的学校都必须开设财商教育课程，确保没有机会读普通高中的学生也能接受财商教育。俄亥俄州从 2021 年开始，要求高中生毕业之前必须上一个学期的个人理财课程等。

此外，私营企业、非营利组织的力量也是财商教育实施过程中必不可少的。美国多个版本的财商教育国家战略都将发动更多部门参与财商教育作为重要的战略规划。2015 年，美国青年人财经能力总统咨询委员会也向总统建议，应发动更多的力量，包括私营企业、非营利组织、基金会等更多的部门和社会力量参与到财商教育中。联邦政府开展"汉密尔顿运动"，鼓励财经行业如银行、保险公司、私募基金会等相关的从业人员提供志愿、无偿的财经教育服务。截至目前，与联邦政府在财商教育方面合作的主要的非营利组织、联盟、私人企业、智囊机构等有 70 多家，详见附录 5。

规模庞大、涉及广泛的财商教育已经在美国轰轰烈烈地进行了近百年，其发展势头非但没有丝毫减弱，还有越来越强的趋势。实施财商教育成为美国各界的一种共识。纵观其历史可以发现，财商教育政策出台的出发点往往是某种偶发因素或社会变革，如经济衰退、社保政策改革、老龄社会到来等可能给公民造成的财经困扰，而如今，财商教育政策的实施已经超越了这种局限性，其终极目标则共同指向了民众的生活福祉，是经济复杂化背景下的基础性民生项目。历史的演进如一条长河，有的事如昙花一现，其存在非常短暂，有的则成为经典，而财商教育或许会成为一种长期存在的教育政策，伴随经济起起落落而生生不息。

第三章　美国教育体系中的财商教育

2015 年，美国青年人财经能力总统咨询委员会在最终的咨询报告上提出两个影响深远的重要的建议：一个是越早接受财商教育越好；另一个是联邦政府应该发动更多的力量，包括州和地方政府以及公司、企业、非营利组织、基金会等更多的部门参与到财商教育的提供中来，共同服务于财商教育体系的构建。这就勾勒了美国财商教育体系发展的基本框架。当今，美国已经建立了包括国民教育、家庭和社会教育在内的发达的财商教育体系，本章着重介绍美国国民教育体系中财商教育的实施经验。出于各种原因，美国中小学中财商教育的实施相对比较成熟和稳定，大学中的财商教育活动则是丰富而灵活多样的。

第一节　美国中小学财商教育

一系列的研究结果都显示出积极的财商教育对提高中小学生财商具有正面作用，接受过良好财商教育的年轻人在今后的人生道路上其财经决策、财经表现要比那些没有接受过的年轻人的表现好①。从小学开始财商教育，有助于人们树立坚定的财经信心，培养良好的财经能力和形成理性的财经行为习惯②。一项针对4~5年级学生的研究结果表明，财商教育显著地有助于学生掌握财经知识，无论是在教室中进行的财商教育课程教学，还是参加的校园银行模拟活动等类似的形式，对于树立学生储蓄观念很有帮助，参加了校园银行活动的学生与没参加活动的学生相比，前者更倾向于开设银行账户并积极地使用银行账户，发挥银行账户的最大价值③。把财商教育纳入日常课程教学当中，有利于中小学生系统地学习财商知识、形成财商能力。美国是世界上把财商教育纳入学校日常教学最早的国家之一，将财商教育融入中小学教育，标志着美国对财商教育的重视，是实施全民、终身财商教育的起点，意味着美国将与财商相关的能力看作成现代社会每一个合格公民必备的基础性能力。在中小学中推行财商教育既是美国全面开展财商教育的重要符号，也为美国全面提升公民的财商素养奠定了坚实的基础。本节的内容主要关注美国中小学实施财商教育的背景、实施途径，以及美国中小学实施财商教育的特点。

一、美国中小学实施财商教育的背景

（一）政策背景

前文分析了美国财商教育政策的宏观背景和基本特点，其中对中小学财商教育产生的重要影响在本章中专门论述。中小学财商教育政策是美国财商教育政策中很重要的组成部分，一方面因为数量比较多，规定比较明确，另一方面

---

① Urban Carly, Maximilian Schmeiser, J. Michael Collins and Alexandra Brown, State Financial Education Mandates: It's All in the Implementation, FINRA Foundation ［EB/OL］. http://www.finra.org/sites/default/files/investoreducatinfoundation.pdf.

② Wiedrich, Kasey, J. Michael Collins, Laura Rosen, and Ida Rademacher ［EB/OL］. Financial Education and Account Pilot, http://cfed.org/assets/pdfs/AFCO_Youth_Full_Report_final_pdf.

③ CFED and opportunity Texas for the U.S. Department of the Treasury: Lessons from the Field: Connectin School-Based Financial Education and Account Access in Amarillo, TX ［EB/OL］. http://www.NEFE.org.

因为中小学教育是基础性教育，奠定了人生发展的基石，其财商教育实施成效如何对其他的财商教育形式发挥了最基本的作用。

真正意义上在基础教育阶段实施的财商教育是从中学开始的。20 世纪 60 年代之前，财商教育的理念还未出现，美国中小学的财商教育状况并不乐观，基本情况是，财商课程并非必需，仅有很少的几所高中开设经济学课程，而且是以选修课的形式存在，学分非常少；经济学课程在大多数中小学中还没有作为一门独立的课程开设，仅以内容介绍的形式出现在历史、社会、数学、语言课程等人文与社会科学的课程中；教师等社会各界对财商教育的重要性意识不足，很少有人意识到大部分中学毕业生将不能进入高等学校学习，而即将就业的学生非常需要经济学知识；金融机构的专业人员、经济学家、大学中的经济学教师对中小学经济学教育不感兴趣，导致中小学专职的财商教育师资急缺，兼职的财商教育教师也缺乏必要的专门训练，教学信心不足；中学经济学知识的讲授多是描述性的，缺乏真正的经济分析；缺少高水平的财商教育师资、专业性强的教材。鉴于此，1960 年，美国经济学会（Ameirican Economic Association，AEA）和经济发展委员会（Committee on Economic Development，CED）联合创立了国家经济教育特别工作组（National Task Force on Economic Education，NTFEE），专门负责调查研究美国中学经济教育情况，并提出改进建议和对策。1961 年，国家经济教育特别工作组发表了改进中学经济学教育的报告，提出了对美国中小学财商教育改革影响深远的《改进中学经济学教育的建议》（又称"'十二点'建议"）：一是高中课程中应更多地培养学生的经济理解力；二是只要条件允许，每所高中至少开设一门经济学选修课；三是经济学教育可以在原有课程内容的基础上进行，如在"美国的民主问题"这门课上，拿出一半以上的时间用于分析美国的经济发展与民主问题，这种改变，不仅不会增加原有课程的困难程度，反而会对民主的讲解可以更加透彻，也有助于培养学生的经济理解力；四是历史课中可以加入对美国经济历史的分析；五是所有的工商类课程，必须包含经济学必修课；六是经济理解能力要在中学所有的课程中加强；七是经济学教学的目标之一是培养学生的理性思维能力；八是如果条件允许，经济学教学将现实中具有争议的问题引入，如学费的上涨、社会保险的发放方式等；九是师资质量的提高是财商教育的关键，要采取有效的措施提高教师在财商教育方面的教学能力；十是出版专业的教材；十一是多发挥经济学家的作用；十二是发动社会力量及政府参与改进中学生的经济学教育。虽然此阶段的财商教育没有相对独立的课程模式，主要还是借助经济学的理论框架进行教学，财商理论零散不成系统。但"十二点"建议的提出，为美国中学开展财商教育指明了方向，在很长一段时间内它都是美国中学开展经济学教育的指导纲要，即便到了今天，仍具有很强的借鉴意义，它为中学开展财商教育奠定了坚实的基础。

1977 年，美国出台了"经济学教育框架"（Framework for Teaching Economics，FTE），成为新的引领性文件，它延续了"十二点"建议的基本思路，同时增加了一些新的内容，如提高了基本概念与原理方面的教学标准，要求学生能够准确理解经济学基本概念，并对经济学基本概念之间的关系进行评判，可以深刻理解不同经济体制之间的区别、联系及运行原理；重视理论与现实问题之间的联系，可以用经济学理论分析基本的经济现象并有所预判，学生可以理解各经济部门之间的分工与联系，关心公共经济事件，能够解释个体经济行为与社会整体经济力量之间的关系和相互影响，可以理解国家的经济政策等。

1994 年出台的《联邦中小学教育法案修正案》规定，将财商教育纳入中小学课程体系。2003 年颁布的《金融扫盲与教育促进条例》进一步推动了财商教育在中小学中的实施，在此之后美国 6 个州通过相应立法，将财商教育列为中小学教育的必修课。1997 年通过的《储蓄对每个人都重要法》，要求召开一系列财商能力主题的高水平会议，会议邀请政府、学术、企业、公共部门等各界人员参加，力求对财商教育问题进行充分而彻底的讨论并能形成共识。

2011 年，布什政府通过了《不让一个孩子掉队》教育法案，该法案第一次把财商教育作为整个教育体系的重要组成部分，法案规定联邦政府在中小学设立格兰特基金用以资助 27 个教育改革项目，其中至少有一个是财商教育项目。

2002 年，财政部财商教育办公室发布《将财商教育融入学校课堂》白皮书，白皮书认为，财商教育实施最好的时间起点是青年时期，财商教育实施的最佳地点是学校。因此，财商教育办公室致力于探索将财商教育与数学、阅读、科学、社会研究课程相结合的途径。白皮书提出的建议有：将财商教育纳入中小学教育标准，以州为单位统一重新设定数学、阅读等科目的标准，标准中需包含财商目标；通过考试的方式检测教育效果；充分利用学校以外的财商教育资源，包括社区银行、大学、非营利组织等；重视师资队伍的建设等。白皮书是在征集大量相关部门的专家和管理者的意见的基础上出台的，所提出的观点和建议具有很强的针对性和操作性。

2006 年，《掌握未来：财经素养国家战略》对中小学如何实施财商教育进行了如下建议：第一，在课程安排上，原有的核心课程体系数量已经非常庞大，很难在短时间内开设单独的财商课程。第二，在内容上，建议对原有的核心课程进行优化，将关系密切的课程内容，如数学、历史等融入财商教育理念和内容。第三，发挥非营利组织和志愿者的作用，弥补学校教育在财商教育方面的不足，充分利用社会资源的优势，协助中小学开展财商教育。第四，积极利用中小学中的已有教育资源和渠道，例如班级报纸在很多学校和班级中被广泛运用和接受，如果能在其中融入财商教育的内容，如生动的故事、真实的案例介绍等，一定更容易被学生所接受。

2007 年，联邦政府酝酿建立儿童储蓄账户（Child Development Accounts，CDAs），即一个孩子一出生就建立的账户，是为了孩子上大学做储蓄，只要建立该账户，将享受到联邦政府、州政府的补贴和税收方面的优惠。推行多年之后研究者发现，储蓄账户不仅发挥了储蓄的功能，而且还有很强的教育功能，凡是建立了该账户的孩子考上大学的概率更高，长大之后也更容易成功，甚至从小就有储蓄习惯的孩子在人生的多个发展阶段如创业、退休金等方面都比别的孩子更成功。在联邦政策的推动下，很多银行积极推出配套项目，开发出针对学生储蓄的优惠政策，增强了财商教育效果。

2020 年，《财商教育国家战略》提出，采用模块的方式提升青少年财经能力，青少年的财经能力由三个模块构成，包括：执行力（如自我控制、韧性等），财经习惯和行为规范（如计划的价值），财经知识和决策技术（如发现并使用有价值的信息资源），详见表3-1。模块教学从 3 岁开始进行，分为三个阶段，分别是 3~5 岁、6~12 岁和 13~21 岁。财商教育委员会针对 K1-2、K3-5、K6-8、K9-12 学段的学生开发《生活理财课程》系列教材、《乐趣经济学》等多本教材。

表 3-1　青少年财经能力及其对未来发展的意义

	执行力	财经习惯和行为规范	财经知识和决策技术
含义	自我控制力； 工作记忆力[*]； 解决问题	健康的金钱习惯和行为规范； 经验方法	事实知识； 研究和分析技术
成年后的意义	未来的方向感；韧性； 计划和目标设定；灵活性	快速进行日常财经生活的决策； 有效地实现金钱管理	成熟的财经决策策略； 财经计划、研究和有意义的决定
例子	储蓄；设定财经目标；制定并执行预算	及时还钱	货比三家之后决定购物

注：＊工作记忆力是指能够同时记住并比较多条信息的能力。

资料来源：https：//files. consumerfinance. gov/f/documents/092016_ cfpb_ BuildingBlocksReport_ ModelAndRecommendations_ web. pdf.

（二）各个州的响应

虽然推行的时间有差异，各州的做法也各具特色，但在财商教育的整体思路和基本理念上，各个州与联邦的思想基本一致。20 世纪 60 年代，美国少数州如内华达州就强制要求把财商教育纳入学校的教学。阿拉巴马州、康涅狄格州和佛罗里达州规定了财商教育标准。田纳西州出台了财商教育法案，要求在公立中学普及财商教育项目，这些教育项目包括教会学生平衡支票收益、完成贷款申请、管理债务、存款和投资、赚钱、管理财务、花费和使用等内容，要求把财商教育要素融入中学的学习标准中。弗吉尼亚州也颁布了财商教育法案，要求在初高中各年级实行经济学教育和理财教育，由教育委员会设置相应的教育目标。堪萨斯州发布了《个人理财教育的发展与执行》法案，要求教育委员会设立并资助有关个人理财教育、消费理财教育、个人理财和信用等项目，开发个人理财课程、明确课程标准和教育目标，编写教科书。得克萨斯州通过了《促进有效的个人理财素养》法案，要求高中毕业生至少学习一门个人理财课程。[①] 2022 年夏威夷的新举措是，要求所有的四年制高中所开设的社会研究课程必须融入财商教育内容。各个州在实践中逐渐探索出可行的财商教育实施模式。美国经济学教育委员会从 1998 年开始，对全美 50 个州及哥伦比亚特区学校的财商教育状况进行调查，每两年调查一次。2022 年，根据美国经济学教育委员会的调查统计，在经济学教育方面，各州的基本情况是：有50 个州或特区将经济学教育纳入 K-12 教育标准，有 45 个州或特区的学区明确要求执行该标准，25 个州或特区的高中要求开设经济学课程，21 个州或特区要求开设单独的经济学课程，4 个州或特区要求将经济学内容融入其他课程，9 个州或特区有针对经济学的标准化考试，详见表 3-2。在个人理财教育方面，各州的情况是：有 47 个州或特区将个人理财教育纳入 K-12 教育标准，有 40 个州或特区的学区明确要求执行该标准，27 个州或特区的高中要求开设个人理财课程，9 个州或特区要求开设单独的个人理财课程，14 个州或特区要

---

① http：//www.jumpstart.org/state_ legislation/index.cfm.

求将个人理财内容融入其他课程，4个州或特区有针对个人理财的标准化考试，详见表3-3。

表3-2　美国各州中小学经济学教育情况

州	纳入K-12标准	学区要求执行标准	要求高中开设课程	要求高中开设单独的课程	要求将内容融入其他课程	标准化考试
阿拉巴马州	○	○	○	○		
阿拉斯加州	○					
亚利桑那州	○	○	○	○		
阿肯色州	○	○	○	○		
加利福尼亚州	○	○	○	○		
科罗拉多州	○	○				○
康涅狄格州	○					
特拉华州	○	○				○
佛罗里达州	○	○	○	○		
佐治亚州	○	○	○	○		
夏威夷州	○	○			○	
爱达荷州	○	○	○	○		
伊利诺伊州	○					
印第安纳州	○	○	○	○		
爱荷华州	○	○				
堪萨斯州	○					
肯塔基州	○	○				○
路易斯安那州	○	○	○			
缅因州	○	○				
马里兰州	○	○				○
马萨诸塞州	○					
密歇根州	○	○	○	○		○
明尼苏达州	○	○				
密西西比州	○	○	○	○		○
密苏里州	○	○				
蒙大拿州	○	○				
内布拉斯加州	○	○				
内华达州	○	○	○	○		
新罕布什尔州	○	○		○		

续表

州	纳入K-12标准	学区要求执行标准	要求高中开设课程	要求高中开设单独的课程	要求将内容融入其他课程	标准化考试
新泽西州	○	○	○	○		
新墨西哥州	○	○	○	○		○
纽约州	○	○	○	○		
北卡罗来纳州	○	○	○	○		
北达科他州	○	○	○	○		
俄亥俄州	○				○	
俄克拉荷马州	○					
俄勒冈州	○	○				
宾夕法尼亚州	○	○				
罗得岛州	○	○				
南卡罗来纳州	○	○	○		○	
南达科他州	○	○	○			
田纳西州	○	○	○	○		
得克萨斯州	○	○	○	○		
犹他州	○	○	○	○		○
佛蒙特州	○	○				
弗吉尼亚州	○	○	○	○		
华盛顿州	○	○				
西弗吉尼亚州	○	○	○			
威斯康星州	○	○				○
怀俄明州	○	○			○	
哥伦比亚特区	○	○				

资料来源：surveyofthestates.com.

表3-3 美国各州中小学个人理财教育情况

州	纳入K-12标准	学区要求执行标准	要求高中开设课程	要求高中开设单独的课程	要求将内容融入其他课程	标准化考试
阿拉巴马州	○	○	○			
阿拉斯加州						
亚利桑那州	○	○	○		○	
阿肯色州	○	○	○		○	
加利福尼亚州						

続表

州	纳入 K-12 标准	学区要求 执行标准	要求高中 开设课程	要求高中开设 单独的课程	要求将内容 融入其他课程	标准化 考试
科罗拉多州	○	○				○
康涅狄格州	○					
特拉华州	○	○				
佛罗里达州	○		○			
佐治亚州	○	○	○		○	
夏威夷州	○					
爱达荷州	○	○	○		○	
伊利诺伊州	○	○				
印第安纳州	○	○				
爱荷华州	○	○	○	○		
堪萨斯州	○					
肯塔基州	○	○	○		○	
路易斯安那州	○	○	○			
缅因州	○	○				
马里兰州	○	○				
马萨诸塞州	○					
密歇根州	○	○	○		○	○
明尼苏达州	○					
密西西比州	○	○	○	○		
密苏里州	○	○	○		○	○
蒙大拿州	○	○				
内布拉斯加州	○	○	○	○		
内华达州	○					
新罕布什尔州	○	○	○		○	
新泽西州	○	○	○		○	
新墨西哥州	○	○	○		○	
纽约州	○	○	○		○	
北卡罗来纳州	○	○	○	○		
北达科他州	○	○	○		○	
俄亥俄州	○	○	○	○		

续表

州	纳入 K-12 标准	学区要求 执行标准	要求高中 开设课程	要求高中开设 单独的课程	要求将内容 融入其他课程	标准化 考试
俄克拉荷马州	○	○				
俄勒冈州	○	○				
宾夕法尼亚州	○	○				
罗得岛州	○	○	○			
南卡罗来纳州	○	○			○	
南达科他州	○	○	○			
田纳西州	○	○	○	○		
得克萨斯州	○	○	○		○	
犹他州	○	○	○	○		○
佛蒙特州	○					
弗吉尼亚州	○	○	○	○		
华盛顿州	○					
西弗吉尼亚州	○	○	○			
威斯康星州	○	○				
怀俄明州						
哥伦比亚特区						

资料来源：surveyofthestates.com.

二、美国中小学实施财商教育的实践

（一）教育目标

美国学者安德森认为，财商教育的目的是教会孩子们学会设定理财目标、认清个人的收入来源、制定详细的理财计划、执行理财计划、调整理财计划、评价理财计划并实现理财目标的一系列过程①。结合近年来美国中小学财商教育的实践可以看出，美国中小学财商教育有明确的教育目标，总体来看包括三个方面：一是财经理解力，并特别看重对基本概念的理解，如理解金钱的本质

---

① 封梦媛. 英美青少年财商教育现状对我国教育的启示［J］. 江西广播电视大学学报，2018（1）：64-71.

和用途，可以整体理解经济运行规律，能理解相近、相反概念之间的区别与联系；二是财经胜任力，即可以将所学的知识应用于现实生活，既可以将所学理论应用于个人的人生规划，又可以解释现实中的经济现象；三是财经责任心，即对财经有关的伦理、价值观的问题能充分理解，并自觉践行。美国的财商教育在中小学阶段标准是分层的，小学追求的是让学生懂得储蓄的好处以巩固理财教学，初中的课程则更加深奥，而高中专注于"现实世界"的技能，能够人生理财规划。具体来看，不同年龄的目标大致为：6岁能数钱；7岁会看价格标签；8岁学会储蓄，知道自食其力，通过劳动赚钱；9岁可以制定消费计划，学会对比价格；10岁懂得记账、节约用钱以及储蓄；11岁能分辨广告中信息的真假；12岁能理解和使用银行中的术语，如本金、利息等；12岁以后直至高中毕业可以在家长的指导下适度从事购买股票、债券等活动，利用业余时间打工挣钱等①，详见附录1。

（二）课程设置

课程是学校教育的核心环节，财商教育进入课程，标志着财商教育在中小学中得到实质性实施。中小学中财商教育课程有四种类型：第一种是独立的选修课程，如儿童与金钱管理、企业投资、经济学、消费经济学等，得克萨斯州的阿马里洛市就为四年级的学生开设"聪明的得克萨斯储蓄"课，课程为期6周，每节课45分钟，内容包括储蓄的概念、储蓄的原因、利息的计算、银行账单解读、预算等；第二种是与数学、语文、历史等某门课程内容相结合的课程，即将财商教育的内容融入原有的课程内容；第三种是开设与财商教育相关的课程，如政府与经济学、消费教育、工商管理概论等；第四种是设置财商教育主干课程，即以财商内容为主线进行设计，其他课程围绕财商教育的目标进行内容设计。第一种类型的课程由于课时压力大，内容衔接性差，应用得比较

①　高佳．美国中小学理财教育的四个发展阶段［J］．外国教育研究，2008（7）：34-36.

少。第二种类型的课程由于内容丰富、实用性强，简单易操作，因此被应用得最为广泛。第三种和第四种类型的课程则在部分学校中得到实施。

美国中小学财商教育课程内容丰富多彩，小学阶段包括：金钱管理、人生理财、个人财务开支计划、储蓄、投资、财经决策。高中阶段的课程主题与小学类似，内容加深。在美国较受欢迎的一门经典财商教育课程是"股票游戏"。此课程由金融机构于1977年开发而成，课程模仿华尔街股票交易，学生在课程中可以有更深的体会和参与感。该课程在全美50多个州的4~12年级开设。课程采用划分小组的方式，每个小组获得1000万元的虚拟投资本金，学生从纽约股市的几百家企业中选择投资对象，进行股票交易的模拟操作。经过多年的发展和不断完善，该课程受到了学生的广泛欢迎。

在教学内容方面，整体上中小学财商教育包括收入、财政管理、消费和信贷、储蓄和投资四个模块，每个模块下还有各自的知识体系设计和具体知识点，内容明确，详见表3-4、表3-5、表3-6、表3-7。高中阶段的理论学习越来越趋向于与大学对接，是大学经济学内容的初级版本，既增强了它的权威性，在高等教育已经实现普及化的美国，也增强了课程的实用性。教材以州为单位，由州政府统一组织开发。

表3-4　美国中小学财商教育内容一览——收入

影响收入的因素	工作单位的福利	通货膨胀及对购买力的影响	税收的组成	税收消费及利益
1. 职业选择收入前景 2. 教育要求/培训费用 3. 教育水平	1. 储蓄计划 2. 退休金 3. 保险金 4. 假期 5. 股份 6. 教育费用返还 7. 奖励机制	1. 消费及商品供应 2. 消费对商品供应及需求的影响 3. 通货膨胀对货币价值的影响	1. 税收的类别 2. 个人和雇主应负担的税收责任 3. 申报税收的文件	政府的公共支出：警察、消防、公立学校、道路、社会保险、公园等公共娱乐设施、对有子女家庭的补助等

资料来源：National Curriculum in K-12 Personal Finance Education，Jump $tart Coalition for Personal Financial Literacy［EB/OL］．http：//www.jumpstartcoalition.org.

表 3-5　美国中小学财商教育内容一览——财务管理

个人理财方式选择和设计	个人理财计划	家庭预算	银行操作程序和服务	个人风险管理
		1. 短期预算：储蓄和消费（衣食住行、娱乐、保险等） 2. 长期预算：储蓄和消费（房产计划、遗嘱、保险等）	1. 查账和账户储蓄 2. 银行服务费用 3. 支付方式 4. 借贷、存款和银行卡 5. 贷款	1. 健康 2. 生活 3. 房主 4. 汽车 5. 租赁人 6. 残疾 7. 长期保健

资料来源：National Curriculum in K-12 Personal Finance Education，Jump $tart Coalition for Personal Financial Literacy［EB/OL］. http：//www. jumpstartcoalition. org.

表 3-6　美国中小学财商教育内容一览——消费和信贷

消费者经济的基本原则	消费者保护和信息	消费者债务管理	各种类型的信贷方式	各种贷款对比
1. 存款的必要性 2. 对比购物 3. 采购 4. 商品/服务 5. 消费者贷款/信贷保险 6. 机会成本	1. 个人职责 2. 法律法规 3. 法律文件 4. 消费者保护 5. 对消费者的犯罪行为 6. 欺骗/诈骗 7. 高利贷 8. 侵权行为/保护 9. 信贷报告服务 10. 租金/租约	1. 信用卡的使用和滥用 2. 信用卡成本（利息、罚金、积分） 3. 信贷合并 4. 信贷顾问 5. 信贷产生的问题	1. 分期付款 2. 银行汇票 3. 继续付款、电子支付	1. 抵押 2. 分期付款 3. 教育/培训贷款 4. 现金支票 5. 个人付款 6. 安全等级 7. 信贷类别 8. 资产净值 9. 标题贷款 10. 当铺

资料来源：National Curriculum in K-12 Personal Finance Education，Jump $tart Coalition for Personal Financial Literacy［EB/OL］. http：//www. jumpstartcoalition. org.

表 3-7　美国中小学财商教育内容一览——储蓄和投资

储蓄和投资的原因	评估储蓄方式	评估投资方式	其他储蓄和投资方式	管理机构及其的职能
1. 教育 2. 紧急事故/未雨绸缪 3. 短期目标 4. 长期目标 5. 退休 6. 购房首付	1. 存款证明 2. 有息存款 3. 个人退休账户 4. 养老金计划 5. 教育储蓄计划	1. 股票与债券 2. 互利基金 3. 房产 4. 养老金 5. 商业投资	1. 多样性 2. 货币的时间价值 3. 符合增长/应收未收利息 4. 72 条规则* 5. 风险和收益	1. 联邦存款保险有限公司 2. 有限债券交易委员会 3. 联邦财政局国家税收局

注：* 把利率分为 72 部分，计算出本金翻倍所需的年数。

资料来源：National Curriculum in K-12 Personal Finance Education，Jump $tart Coalition for Personal Financial Literacy［EB/OL］. http：//www. jumpstartcoalition. org.

（三）考试环节

考试是指挥棒，通过对考试内容进行规定，可以对教学过程发挥有效的指导作用。美国中小学通过多种考试设计，用来检测和保证财商教育效果。中小学考试测验都根据州的标准进行设计，州委员会要求出卷者说明试卷是如何按照州标准进行的，出卷者为满足州的要求，会把财商教育内容融入考题。如阿拉斯加、加利福尼亚等州要求在考试中渗透财商相关内容。在高中阶段，学生可以参加的考试选择更多，如参加标准化和权威性的全国统一考试，即经济素养测试（Test of Economic Literacy，TEL）或者宏微观经济学分级考试（Advanced Placement Examinations in Microeconomics and Macroeconomics，AP），后者是由大学入学考试委员会组织的，宏微观经济学分级考试成绩可用来申请大学，或者获得大学中免修资格，由于美国高等教育已经进入普及化发展阶段很多年，学生入学率较高，因此宏微观经济学分级考试受到了很多高中生的欢迎，对推动高中阶段的财商教育有着直接的激励作用。

（四）师资培训

"师之底蕴不足，育之大材无望"，良好的财商教育实施离不开高水平的师资队伍建设。在中小学开展财商教育的过程中，首先遇到的问题是师资力量不足的问题，特别是优质师资力量极为欠缺。例如教师自身对财商的理解不充分，大多数教师没有接受过类似的教育，对自己的财商水平不够自信，也很难自如地在课程中融入财商教育的理念或者内容。因此，为了能更好地将财商教育在中小学中推行，美国各界都将师资力量培训作为财商教育的一项重要工作，并采取了大量措施加强师资力量培训。

首先，在联邦政府层面，1961 年的《改进中学经济学教育的建议》，针对师资培训的建议包括：美国所有州的社科、工商学科的教师需要在大学里学习一整年的经济学课程，学业完成后获得资格认证，此项资格认证是最低要求，学校可以根据情况适当地提高要求；中小学应充分利用暑假学术活动、现有国家项目提高教师的经济学教学能力；改进大学中针对未来中学教师的经济学教学，给中学教师创造更多的机会提高自身的经济理解能力。

其次，在联邦政府的带动下，各个州也纷纷加强财商教育师资培训工作，积极采取措施推动财商教育师资队伍建设，如密苏里州政府曾经拨款 1 亿美元用于财商教育师资培训，将培训课程开设在大学中，由金融领域或金融专业的资深专家学者开设财商教育主题课程，采用案例教学的方式讲解金融、经济知识，同时也对教师进行教学内容选择、教学方式设计以及考核方面的培训。同时，密苏里州也鼓励将财商教育纳入师范院校课程体系。如前文所述，威斯康星州开发"教师财经素养指导项目"为教师提供课程、教材资源，并在暑假期间为教师提供课程培训，培训内容包括个人理财、经济学、储蓄与投资、保险、信用卡和企业家能力等。西弗吉尼亚州的财商教育联盟与私人企业和教育培训机构合作开设个人理财培训课，中小学教师通过报名，获得信贷、预防偷窃、投资等方面的培训。

再次，除了有针对性的主题培训，美国的各级政府积极与培训机构、社会组织等合作打造丰富的财商教育数据库，并通过网络的形式将所有的数据内容免费，或者以很低的价格提供给所有的中小学教师。这样，中小学教师就拥有了一个丰富的素材库，既可以完成自身财商的提升，也可以进行教学设计，极大地提高了教师的教学效率和改善了教学效果。

最后，发挥社会机构的作用。美国大量的社会机构提供财商教育师资培训服务，例如，Jump＄tart 联盟下设教师基金会，专门负责开展财商教育教师培训方面的工作。Jump＄tart 联盟于 2009 年成立了国家教育者研讨会（National Educator Conference，NEC），是一个专门为在中小学中从事财商教育的老师提供的培训会，教师可以在会议上接受最新的财商教育理念、教学方法方面的培训，了解获取财商教育信息的渠道，建立中小学财商教育教师与更多的教育资源提供单位之间的联系。同时，联盟还为参会的教师提供食宿补助。多年来，该培训平台为众多中小学财商教育教师提供了培训服务，产生了广泛的影响。

（五）社会支持

美国经济学会下设经济教育联合委员会（Joint Council on Economic Education，JCEE），经济教育联合委员会主要负责组织和指导美国中学经济学教育，经济教育联合委员会联合美国多所大学，创立了全美最大的经济学教育培训网络，开展很多相关学术研究工作。

美国中小学财商教育实施过程中，有大量的教育资源来自社会，一些在中小学中广受欢迎的课程，均由社会机构所开发，如"数学中的金钱：来自生活的智慧""储蓄与投资基础理论""财经选择""高中财经计划系列课程""儿童金钱教育系列课程"等。

三、美国中小学实施财商教育的特点

（一）有一定的历史积淀，实践丰富

从 1961 年《改进中学经济学教育的建议》发布起，美国中小学开展财商教育已经超过了半个世纪。多年来，从联邦政府到州政府再到地方政府对财商

教育一直非常重视，特别是各个州在课程、毕业要求方面提出了针对财商的具体内容，巩固和加强了财商教育的实施。且由于各个州和地方在教育方面拥有一定的自主权，因此，美国已经积累了非常丰富的中小学财商教育实践。同时，在多年来持续不断的努力下，财商教育理念在中小学阶段被各科教师所广为接受，美国已经形成了相对扎实的财商教育基础，某些财商教育理念已经深深融入课程。

（二）标准化发展

经过多年的探索和实践，美国中小学的财商教育逐渐走向标准化的道路。一方面，探索制定财商教育标准的部门很多，美国多家权威部门如经济学教育委员会、Jump$tart 联盟、消费者金融保护局、州政府等均制定了标准。其中，由 Jump$tart 联盟制定的标准影响相对广泛，并且已经进行了几次修订。附录1 中提供的是最新的版本，即 2021 版的标准，虽然这些标准不具有强制性，但在实践过程中，逐渐被认可和接受，成为中小学实施财商教育的参考。另一方面，财商教育标准涉及的内容也很全面，大多数标准是以受教育者应该达到的水平来制定的，比如《威斯康星州个人财商标准》（分为理念，教育与雇佣，金钱管理，储蓄与投资，信用与借贷，风向管理与保险六个维度，每个维度设定了幼儿园~二年级，三年级~五年级，六年级~八年级，九年级~十二年级四个档次）。同时，也有的标准是面向学校提出的，如 Jump$tart 联盟制定了中小学实施财商教育的效率标准，其要素如表 3-8 所示：

表 3-8 中小学财商教育要素

	小学	初中	高中
最低时间	20 小时	45 小时	70 小时
教育标准	与州和国家标准一致	参照州和国家标准	参照州和国家标准
资源	经认证的课程资源或者在线项目	经认证的课程资源或者在线项目	经认证的课程资源或者在线项目

	小学	初中	高中
教师	拥有理财、理财教育方面的学位或证书，或者在过去的 5 年中接受过 10 小时财商教育培训	拥有理财、理财教育方面的学位或证书，或者在过去的 5 年中接受过 15 小时财商教育培训	拥有理财、理财教育方面的学位或证书，或者在过去的 5 年中接受过 24 小时财商教育培训
学生评价	有，且记录	有，升年级必过	有，升年级必过

注："教育标准""资源"两项没有单独的标准，是按照国家或州的统一标准执行的。联盟鼓励学校通过旅行、竞赛、社区活动的方式对学生开展财商教育，并且可以计入教育时间，但不能完全取代课堂教学。

资料来源：http：//checkyourschool.org/about/minimum-requirements/.

该标准并非强制执行，而是联盟设立的参考标准，并且放在联盟的官网上，每个学生可以根据标准自行评估学校在财商教育方面工作是否到位，随时可以向联盟反馈。由于联盟在财商教育方面的广泛影响，因此，该标准对中小学实施财商教育具有很强的参考意义和价值。

（三）线上教育资源丰富

线上教育资源建设是美国中小学财商教育的一大亮点。具体来看，线上资源的提供主体非常丰富，包括政府、银行、专门实施财商教育的非营利机构等部门都会积极建设线上财商教育资源。从线上财商教育的形式来看，有的是专门的门户网站，例如财商教育委员会的"My Money.gov"就是一个专门为教师、研究者、学生提供资源的网站；也有的是一个栏目，比如联邦储备银行、铸币局等都设立了财商教育栏目。从线上财商教育的主题来看，包括储蓄、投资、保险、教育、养老、医疗、应急基金等多个主题。从线上财商教育的类别来看，有工具类内容，即大量的计算工具，包括利率计算工具，购房、上学、买车贷款计算工具等，也有可为教育者提供参考的教育资料（包括优秀的教育课件、教育视频等）、供学习者学习的学习资料等，还有供研究者使用的数据、研究报告等。线上教育资源建设成为美国中小学财商教育发展的重要支撑，特别是在网络技术越来越发达，各种干扰因素越来越多的背景下更是如此。

第二节　美国高校财商教育

美国高校探索实施财商教育多年，已经形成相对稳定的模式，对学生成长和国家社会发展都发挥了积极的作用。在经济波动频繁、政策的积极干预、学生财务状况日益复杂以及相关理论研究的推动下，美国高校开展了形式多样的财商教育，通过开设专业课、通识课，开展线上教育、提供咨询服务、举办多种多样校园活动等方式构建了全方位、立体式的财商教育环境。美国高校的经验揭示了在现代经济社会背景下，高校实施财商教育的必然性。同时，实施财商教育应以生为本、以培养学生适应社会发展的能力为最终目的、财商教育需要弹性的环境和广泛开展对外合作等。

一、美国高校实施财商教育的动力

（一）政策层面的推动

如前文所述，美国财商教育发展有着良好的外部政策环境，联邦政府、州政府等出台了系统的政策，其中很多政策主要是面向学校，特别是对高校有着很强的引导和规范意义。

美国各级政府对财商教育的重视由来已久，是美国财商教育发展的重要推动力量。1961 年，美国国家经济教育特别工作组发布了《改进中学经济学教育的建议》，对美国中学经济学教育产生了重大的影响。1983 年，对美国教育产生深远影响的报告《国家处在危机之中》建议，对美国中小学课程内容进行大规模删减，但在数学和阅读课程中融入财商教育的内容则被保留，这一举措再一次巩固了财商教育在国民教育体系中的地位。2002 年，《不让一个孩子掉队法案》是第一部明确将财商教育整合进基础教育的法案，至此，财商教育在美国国民教育体系中全面展开，并逐步走向规范。2002 年，美国财政部成立财商教育办公室（Financial Education Office，OFE），财商教育办公室致力于拟定财商教育政策，其使命是为所有美国公民提供实用的财经知识，从政策层面将财商教育关注的范围扩大到人的一生，使美国公民能够在一生的各个阶段作出明智的理财决策和选择。再加上 2012 年财商教育委员会发布了《个人财商国家标准》等一系列推动中小学开展财商教育的改革举措，提升了中学毕业生的财商水平。

中小学的财商教育改革为大学开展财商教育奠定了良好的基础，同时向大学实施财商教育提出了更高的要求。尽管高校拥有很大的自主权，联邦政府很少直接进行干涉，但是依然通过发布一些报告、战略等方式进行引导，有力地推动了高校开展财商教育。2019 年，财商教育委员会发布的《高等教育机构财经素养和教育最佳实践》提出，高等教育机构应该培养让学生终身受益的财经能力，以有利于学生促进经济发展、积累财富和实现目标。报告发布了五条高等教育机构实施财商教育原则，分别是：提供清晰、及时、定制的学生借款信息，积极开展学生财商素养教育，通过运用国家、专业机构和个人的信息，精准服务不同的学生群体（如不同的年龄群体、低收入群体学生等），将毕业的重要性和还贷的主要事项与学生沟通到位，协助学生履行毕业前的财务义务。最后，报告从课程、教师等方面提出了供高校进行财商教育的指导建议。

严密的政策搭建了美国国民教育开展财商教育的基本框架，指明了财商教育的发展方向。发挥了联邦法律中要求凡享受联邦贷款的大学生必须在首次、第二次和离开学校前夕接受财商教育的规定，是高校实施财商教育的直接推动因素。财商教育委员会为推动财经素养国家战略实施而成立由各职能部门

（如教育部、消费者金融保护局）牵头的工作小组，对美国财商教育发展起到重要的促进作用。而美联储认为仅这些教育并不足够，还需更多更强的教育的研究结论，进一步推动了高校实施财商教育。

（二）学生的迫切需要

学生的迫切需要是推动美国高校实施财商教育的直接动力。学生的需要可以分为两个方面：一方面是现实需要，大学是大多数学生第一次独立面对和处理大量财务决策的时期，学生在有关学费、贷款、租房等很多现实问题上强烈需要可信任的指导，如果不能妥善安排好上学期间的财务问题，可能会受到长远的影响。另一方面是未来的人生需要，大学生是国家未来的栋梁，大多数学生毕业后经过一段时间的努力可以拥有不错的经济状况，因此他们也需要拥有较高水平的财商，以更好地实现人生发展规划。

1. 大学期间费用越来越高，学生们的财务压力增大

1986 年，美国纽约大学校长、经济和教育学家布鲁斯·约翰斯通（D. Bruce Johnstone）提出了著名的成本分担理论，认为高等教育成本应由政府、学生、学生家长和社会共同分担，这构成了美国高等教育奉行"高收费、高资助"原则的理论基础，对学生的家庭而言，产生的最明显影响就是学费、杂费等接受高等教育成本的显著增长。但同时，政府、社会、学校也通过各种各样的渠道向学生提供经费方面的资助，因此，美国大学生不仅面临着大学期间费用数量的上涨，同时还要应付极其复杂的财务处境，需要处理繁杂的财务问题。根据美国国家教育统计中心的数据，学生在高校中的各项费用、学费每年都会有所上涨，整体呈增长趋势，特别是四年制高校的费用增长更加明显。详见表 3-9、图 3-1、图 3-2。个别年份、遇到特殊情况时增长特别显著，如从 2004~2005 学年到 2015~2016 学年，排除通货膨胀的因素，美国高校的学杂费上涨了 34%，这与 2008 年的金融危机对经济的整体影响以及高校在学费等方面的调整有关。2015 年，根据盖洛普新闻（Gallup News）的调查，79%

的美国人认为无力独立支付高等教育的全部费用。对于年轻人而言，最大的花费就是上大学的费用，一个家庭的最大支出也是孩子上大学的费用。年轻人认为，上大学的费用是他们面临的头号经济问题，家有18岁以下年轻人的家长也将上大学的费用作为家庭支出头等大事。① 很多家庭都会单独为孩子准备上大学的费用，根据美国金融监管局的统计，2008年38%的美国家庭，因为压力巨大，通常会提前、单独为孩子准备上大学的费用②。巨大的财务负担让学生感受到了很大的压力，在一项面向79所高校，有60000多名学生参与的调查中，35%的人认为有一定的财务压力，24%的人认为经常感受到财务压力，14%的人认为一直有财务压力。学生们对大学费用的焦虑主要包括：复杂的价格、无法预料的学费和各种费用、不同价格之间的区别、获得学生资助的渠道、家庭收入和资产所发挥的作用等。

表3-9　美国高校费用情况一览　　　　　　　单位：美元

学年	全部费用			学费		
	全部高校	四年制	二年制	全部高校	四年制	二年制
1963~1964	1248	1286	775	508	553	171
1968~1969	1459	1545	1053	596	683	250
1969~1970	1560	1674	1089	645	755	247
1970~1971	1653	1784	1120	688	814	249
1971~1972	1730	1878	1172	724	865	251
1972~1973	1834	2031	1276	759	950	287
1973~1974	1903	2097	1358	796	985	328
1974~1975	1983	2187	1432	809	1008	328
1975~1976	2103	2355	1473	829	1073	297

① Busteed, Brandon and Stephanie Kafka. Most Americans Say Higher Edcucation Not Affordable [EB/OL]. Gallup News, http://news.gallup.com/poll/1842441/americans - say - higer - education - not - affordable.aspx? g_ source=affordable%20for%20all&g_ medium=search&g_ campaign=tiles, 2015-04-16.

② The State of U.S. Financial Capability: The 2018 National Financial Capability Study [EB/OL]. https://www.usfinancialcapability.org/downloads/NFCS_ 2018_ Report_ Natl_ Findings.pdf.

续表

学年	全部费用			学费		
	全部高校	四年制	二年制	全部高校	四年制	二年制
1976~1977	2275	2577	1598	924	1218	346
1977~1978	2411	2725	1703	984	1291	378
1978~1979	2587	2917	1828	1073	1397	411
1979~1980	2809	3167	1979	1163	1513	451
1980~1981	3101	3499	2230	1289	1679	526
1981~1982	3489	3951	2476	1457	1907	590
1982~1993	3877	4406	2713	1626	2139	675
1983~1984	4167	4747	2854	1783	2344	730
1984~1985	4563	5160	3179	1985	2567	821
1985~1986	4885	5504	3367	2181	2784	888
1986~1987	5206	5964	3295	2312	3042	897
1987~1988	5494	6272	3263	2458	3201	809
1988~1989	5869	6725	3573	2658	3472	979
1989~1990	6207	7212	3705	2839	3800	978
1990~1991	6562	7602	3930	3016	4009	1087
1991~1992	7077	8238	4092	3286	4385	1189
1992~1993	7452	8758	4207	3517	4752	1276
1993~1994	7931	9296	4449	3827	5119	1399
1994~1995	8306	9728	4633	4044	5391	1488
1995~1996	8800	10330	4725	4338	5786	1522
1996~1997	9206	10841	4895	4564	6118	1543
1997~1998	9588	11277	5192	4755	6351	1695
1998~1999	10076	11888	5291	5013	6723	1725
1999~2000	10430	12349	5420	5222	7040	1728
2000~2001	10820	12922	5466	5377	7372	1698
2001~2002	11380	13639	5718	5646	7786	1800
2002~2003	12014	14439	6252	6002	8309	1903
2003~2004	12953	15505	6705	6608	9029	2174
2004~2005	13793	16510	7095	7122	9706	2338
2005~2006	14634	17451	7236	7601	10279	2417
2006~2007	15486	18473	7467	8093	10931	2496
2007~2008	16227	19364	7637	8480	11455	2516

续表

学年	全部费用			学费		
	全部高校	四年制	二年制	全部高校	四年制	二年制
2008~2009	17045	20361	8219	8892	12046	2617
2009~2010	17650	21126	8541	9135	12404	2923
2010~2011	18475	22074	8868	9575	12945	3060
2011~2012	19401	23011	9347	10179	13572	3244
2012~2013	20233	23871	9573	10681	14099	3322
2013~2014	20995	24701	9891	11073	14563	3369
2014~2015	21729	25409	10153	11487	14957	3389
2015~2016	22439	26132	10407	11862	15343	3412
2016~2017	23091	26592	10597	12219	15512	3519
2017~2018	23833	27357	10704	12613	15923	3537
2018~2019	24619	28121	11390	13012	16316	3563
2019~2020	25281	28775	11391	13360	16647	3621

注：按照现在的货币（current dollars）计算的数据。

资料来源：https：//nces. ed. gov/programs/digest/d20/tables/dt20_ 330. 10. asp.

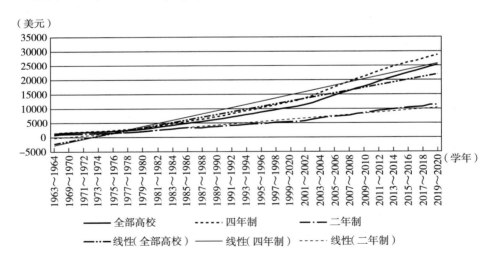

图3-1 1963~1964 学年以来美国高校学生全部费用趋势

注：按照现在的货币（current dollars）计算的数据。

资料来源：https：//nces. ed. gov/programs/digest/d20/tables/dt20_ 330. 10. asp.

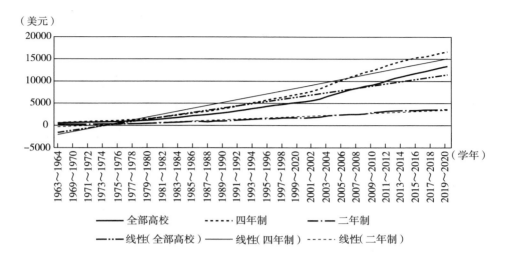

图 3-2　1963~1964 学年以来美国高校学费趋势

资料来源：根据表 3-9 整理而来。

2. 大学生贷款规模大、财务结构复杂

简单来说，美国大学生上学期间财务问题可以分为收、支两部分。每一部分的内容包罗万象，其复杂程度不亚于一家小型公司的财务，能不能妥善处理好这些问题直接影响着他们在学校期间的生活和学习质量。"支"的部分是指在校期间的花费，一般情况下主要包括：学费、杂费（如保险、注册费用）、食宿费、书费、培训费（为升学、个人兴趣爱好等个人发展而参加的各种培训费用，近年来，这方面的费用越来越高）、生活费等。学生需要在这方面有合理的预算，进行妥当的平衡。"收"的部分主要指学生可以申请的贷款、奖学金、助学金等来自外界的"资助"。大学生可以申请的奖学金、助学金种类繁多，申请要求、还款条件各不相同。如密歇根大学研究生可以申请的校级奖学金有妇女奖学金、科研奖学金、托马斯奖学金，可在研究生院申请的奖学金、助学金有：巴伯奖学金、济困奖学金、优秀奖学金、会议资助金（应邀在学术会议上演讲论文或展示作品等）、紧急资助金、科研奖学金、工学奖学金、人文科研奖学金、国外科研奖学金、留学生奖学金、优秀论文奖等。学校另外有针对不同群体的学费住宿费等的减免政策。"收"的部分最常见、数量最大也最复杂，需要专门、多次了解的是贷款，学生可申请的贷款种类繁多、要求多样，学生需要在众多的贷款中进行比较、鉴别、了解这些贷款的申请条件、还款条件等，也是一项复杂的工作。根据美国研究生理事会的统计，2012年，美国高校毕业生总债务首次突破1万亿美元。2018年，大学生的贷款为1.41万亿美元，超过了信用卡债务量，成为仅次于房贷的美国第二大债务。①2019年，4300多万学生获得了1.5万亿美元的联邦贷款。学生贷款已经成为美国仅次于房贷的第二大贷款项目。在肯塔基州，60%公立大学的毕业生有学生贷款债务，平均每笔贷款的数额为29500美元。越有名气的私立大学，学生贷款越多，如斯坦福大学70%的本科新生需要接受某种形式的资助。美国高校中学生贷款基本情况详见表3-10，研究生贷款比例情况详见表3-11。同时，"资助"方式纷繁复杂，常见的资助类型有：贷款、奖学金、补助金、"工一学项目"，提供资助的主体包括联邦、州、学校以及社会组织等提供达10多种。每种资助的申请条件、还款要求都不相同。贷款则更为复杂，数额、申请条件、计息规则、还款时间与要求等各不相同。现实环境促使学生需要接受财商教育培训，以准确理解各种资助、贷款的含义，并从中比较选择出最优的资助方案。但是，根据纽约联邦储蓄银行的统计，学生贷款是所有的消费者贷款中拖欠率最高的。在一项针对学生的统计中，有差不多一半的学生对自己的还款能力表示担心，详见表3-12。正因为如此，学校中的很多机构都组织丰富多样的相关培训活动，除勤工助学办公室、学生资助办公室、财务办公室等专职机构之外，图书馆、国际中心、就业办公室等大量部门都开展相关宣讲、培训的活动。

---

① Christiana Stoddard, Carly Urban. The Effects of State Mandated Financial Edcucation on College Financing Behaviors [EB/OL]. http：//www. nefe. org/_images/research.

表 3-10 2000~2001 学年以来美国高校学生生均贷款情况一览　　　单位：美元

学年	全部高校	公立高校	私立非营利高校	私立营利高校
2000~2001	3764	3050	4019	5517
2001~2002	3970			
2002~2003	4331			
2003~2004	4193			
2004~2005	4463			
2005~2006	4831	3866	5270	6454
2006~2007	5018			
2007~2008	6008			
2008~2009	6723			
2009~2010	7019			
2010~2011	6624	5780	7296	8064
2011~2012	6641			
2012~2013	6896			
2013~2014	7015			
2014~2015	6925	6243	7940	7906
2015~2016	6989	6316	7925	8096
2016~2017	7080	6440	8010	7871
2017~2018	7082	6488	8093	7614
2018~2019	7218	6639	8224	7553

注：空格处数据不全。

资料来源：https：//nces. ed. gov/programs/digest/d20/tables/dt20_ 331. 20. asp.

表 3-11 1999~2000 学年以来部分美国研究生贷款百分比一览　　　单位：%

学年	1999~2000	2003~2004	2007~2008	2011~2012	2015~2016
总数*	44. 6	54. 6	54. 6	58. 6	54. 2
学士后	35. 8	46. 3	49. 5	39. 4	47. 6
硕士	39. 9	52. 0	53. 8	59. 0	52. 8
学术博士	38. 8	45. 3	43. 1	40. 7	43. 6
专业博士	79. 4	84. 8	83. 8	84. 6	73. 5
MBA	35. 7	49. 2	54. 2	49. 4	43. 8

注：* 是根据美国高校中所有类型的研究生计算得来。

资料来源：https：//nces. ed. gov/programs/digest/d20/tables/dt20_ 332. 45. asp.

表 3-12 表示不能还款的学生结构一览 单位:%

合计	性别		年龄（岁）			收入（千美元）			种族				
	男	女	18~34	35~54	55及以上	<35	35~75	>75	白	非裔	拉丁裔	亚裔	其他
48	44	53	51	47	43	61	48	33	46	55	51	46	50

资料来源：https：//nces. ed. gov/programs/digest/d20/tables/dt20_ 332. 45. asp.

3. 美国大学生财商水平不理想

多项调查均显示，美国大学生财商水平不高。据调查，大约1/5的美国高中生的财经素养达不到"精通"的水平，另外一项针对11000所高中的调查显示，仅有16%的高中学生被要求接受财商教育。高中财商教育的薄弱解释了为什么在一项针对美国高校学生财经知识状况的研究中，仅有28%的学生能回答对最核心的三道财经素养问题，少数学生可以回答对有关联邦学生贷款的问题，低收入家庭的学生在这两类问题上的成绩低于平均水平。美国第三大调查公司Ipos针对大学生进行包括利率计算、信用卡还款等4个问题的检测中，全答对的仅占11%，8%的大学生全错。2017年，美国教育统计中心的数据显示，在15岁年龄段的人中，只有29%的人会对不同贷款的利率、内涵进行比较，23~28岁年龄段的人群中，只有27%的人能够理解通货膨胀、利率、风险分担等基本的财经概念。

财商水平不能满足财务管理的需求，导致部分学生债务负担越来越重，更严重的是糟糕的财务状况影响学生的学习效率，导致部分学生延期毕业甚至放弃学业。2001年，根据美国教育部国家教育统计中心的数据，在所调查的800所大学的9000名学生中，大约有3300名学生没能顺利完成学业。导致学生没完成学业的原因中，14%的学生认为是财务问题，只有2%的学生认为是学术方面的问题导致他们无法完成学业①。另外，根据布鲁金斯学会的研究，2018

---

① U. S. Department of Education, National Center for Education Statistics. Beginning Postsecondary Students Longitudinal Study ［M］. Washington, D. C., 2001.

年，在本科生中，进行贷款的学生的辍学率比没有贷款的高4倍（23.9%对5.6%）。更有甚者，有的毕业生由于毕业后长期无法偿还学生贷款，以至于成为违约者，对学生的一生产生了负面影响。这促使美国各高校纷纷投入财商教育中，以期提高学生的财商，保障学生顺利毕业，为一生发展铺平道路。

（三）理论研究的支持

与实践发展相对应的是，学者们大量的理论研究成果证明了财商教育的有效性和实施的必要性，为财商教育发展提供了有力的理论支持。早期对财商教育的关注来自经济学界，行为经济学家们通过消费者教育理论、理财教育理论、财经素养理论（Noctor and Stoney，1992；Bernheim，1995；Schagen，1996）等多个角度研究财商教育，提出了个体良好的财经素养对国家经济发展和社会稳定有积极的意义。财商的概念被提出后，相关研究越来越集中。包括对财商概念的认识逐渐达成了一致，他们认为财商就是财务智商，财商是理财智慧的衡量尺度，所以无限的回报就意味着无限的理财智慧、无限的财商。此概念一经提出得到了广泛的支持，以"财"为中心，构成了目前为止对"财商"最基本的理解。财商教育效果受性别、家庭环境、生活所在地、教育背景、年龄等多种因素的影响（Lusardi and Mitchell，2008；Hung，2009；Bucher-Koenen，2017）。但总体上，经过精心设计、有针对性的财商教育活动（包括正式的课程、讨论等）对人们获取财经知识和理性金融行为有积极的影响（Christelis，2010；Fernandes，2014；Amagir，2018）。经济心理学家以金钱态度量表（Yamauchi and Templer，1982）为起点，提出了财商教育对财富态度和价值观的形成可以产生显著影响。有的研究认为，高校现有的课程、讨论等量少，应加大加强财商教育的实施（Debby Lindsey-Taliefero，2011）。有研究者发现，在高中接受过财商教育的学生成年后会有更好的信用记录、更低的拖欠债务率①。针对大学生的研究也得出比较积极的结论，一项针对 781 名在校大学生的研究发现，学生的债务问题和学业表现有一定的联系，凡是有着积极财务行为的学生通常在学术上的表现也不错（Xiao，Tang and Shim，2009）；实现财务幸福（Financial Well-being）的学生更容易实现学业进步、身心健康、提升就业能力（Adams and Moore，2007；Bodvarsson and Walker，2004；Cude et al.，2006；Lyons，2003，2004；Shim，Xiao，et al.，2009）。有 1/3 的大学生认为，财务状况"可能""在一定程度上"影响到他们完成学位的能力（Lyons，2003）。大学期间大量的债务积压，可能导致学业失败（Parks-Yancy，DiTomaso and Post，2007），财经素养越高，辍学率越低（Lyons，2003）。

丰富的研究成果，让政府、社会各界和高校都相信，高校实施财商教育可以丰富学生的财经知识、构建学生的核心财经素养、改善学生的财经行为，并且这种影响会延续到学生毕业以后乃至终身。因此，现有研究为高校实施财商教育提供了强大的理论支持，并且随着财商教育实践的发展，财商教育理论研究成果越来越丰富。

二、美国高校实施财商教育的实践

高校是实施财商教育的重要场所之一，对于学生而言处于人生的关键时期，接受良好的财商教育既能为其大学生涯提供保障，也为一生的财务幸福奠定了基础；同时大学作为知识聚集的场所，其开展财商教育研究、推广财商教育，将辐射到整个社会，对提高整个社会的财商水平都有很大的意义。因此，财商教育委员会经常针对高校如何实施财商教育召开会议或者发布实施建议。继 2015 年发布了一个报告后，2019 年，财商教育委员会对美国高校的财

---

① Urban Carly et al. The Effects of High School Personal Financial Education Policies on Financial Behavior［J］. Economics of Education Review，2018（3）：6.

商教育实践进行分析后从五个方面提出建议。

第一，提供明确、及时、满足学生需要的有关借款的信息。为学生提供条目清晰的成本信息；将补助金、贷款、勤工助学项目进行分类；重要的细节、要求、区别要反复、重点介绍；计算获得学位以及获得资助的全部成本；将面向家长的贷款（PLUS）与面向学生的贷款区分；为学生提供行动建议（如寄账单信息、选择合适的时机等）。

第二，保障学生参与财商教育的效果。设置财经素养必修课程，确保每个学生都能受到必要的财商教育；培养同辈教育者，高校应该有效调动志愿者、勤工助学的学生、打工的学生、刚毕业的学生等同辈教育者进行财商教育，实现最佳的效果；将财经素养的内容融入核心课程内容；提高与学生交流的频率和时效，应经常与学生沟通，将财商教育融合到学习的全过程，不仅局限于开学和毕业之前。

第三，将学生分为不同的目标群体。为了保障财商教育的效果，这一点非常重要，特别是对于弱势学生群体和非传统意义上的学生①、低收入学生、第一代大学生等而言更加重要。充分利用国家的、学校的和学生个人的信息了解学生的财务特点、困境，以制定有效的教学方案。

第四，强调毕业的重要性以及学生贷款的归还。努力形成按时毕业与及时还贷的良性循环。根据美国教育部的统计，2018 年，四年制的高校中，学生四年按期毕业率为41.6%，不能按期毕业对学生还贷以及后续的工作收入等都会产生负面影响。因此，教育学生及时毕业是学校财商教育的重要组成部分。学校可以采用减免学费等手段刺激学生按时（或提前）毕业。组织老师帮助学生克服学业、财务、社会以及文化方面的障碍，保证学生按期毕业。提供紧急财务援助，帮助学生应对不时之需。

----

① 包括非全日制的学生、老年学生、在职的学生等不享受联邦学生贷款的学生。——笔者注。

第五，教会学生毕业前必须完成的财务义务。学生还贷工作非常复杂，不同类型的贷款的还款方案都有所不同，一个学生有可能申请多个贷款，这样他面临的问题就会更加复杂。为此，学校要为学生提供信息，帮助学生理解还款的选项和义务。帮助学生设立还款目标的预算。帮助学生明确贷款服务商，并与其建立联系，以保证及时获得有关贷款的信息。确保学生能够比较出毕业、专业学习的成本和收益。

具体来看，美国高校财商教育的实践经验如下：

（一）最广泛的形式：提供财商方面的咨询服务

咨询是美国高校中最常见的财商教育方式，也是非常有效的一种方式[①]。根据2015年财商教育委员会发布的《中学后学生财经能力与财务自由提升机会》报告，在调查的31所实施财商教育的高校中，有30所高校通过"咨询"的方式为学生提供财商教育。还有更多的社区学院将财务咨询工作作为帮助在职学生进行财务规划以保证学业顺利完成的重要工作。咨询的内容基本包括：帮助大一新生进行预算、计算每个学期大致的花费、比较不同工作之间预期收益差异等。咨询机构一般是专门设立的，如博林格林州立大学、北得克萨斯大学等学校，成立了"学生资金管理中心"，为学生提供上学期间预算方面的咨询；雪城大学的财商咨询工作由"财务资助办公室"及"财经素养中心"负责，将解决学生学费等财务问题与提升财经素养相结合；加州大学伯克利分校在"财务资助与学位办公室"下设"财务成功熊"栏目，其中"财经素养"模块，学生通过网上预约后，获得咨询服务。有的高校采用其他的手段，如得克萨斯技术大学推出了"从红到黑项目"为每位学生提供一对一的咨询服务，帮助大一新生进行大学期间的财务预算、比较不同学期的费用、帮助研究生计算不同工作中预期收入。肯塔基州的大学重点针对大一的学生展开丰富多样的

---

① Prochaska, James O., Carlos C. DiClemente, John C. Norcross. In Search of How People Change：Applications to Addictive Behaviors［J］. American Psychologist, 1992, 47（9）：1102-1114.

咨询活动，将有关财政和金钱管理方面的培训、信息提供等与新生入学教育结合在一起。在新生入学前，大学也会组织学生及其家庭参加有关大学中的花费方面的培训，帮助学生更好地进行财务规划。学校提供的这种咨询活动效果良好，不仅很多大学生前来咨询，甚至学校所在的社区中很多社会人士也到学校寻求相应服务，产生了良好的社会效果。

值得一提的是，为了实现最佳的咨询效果，高校往往采用"一对一"咨询服务和同辈咨询的方式。"一对一"咨询，一方面可以提高咨询的隐私性，另一方面可以提供个性化的咨询方案，提高咨询的针对性。在"一对一"咨询中，同辈咨询在美国高校中被广泛应用①。同辈群体被认为是在大学时期对学生成长和发展最重要的影响来源。美国高校充分利用这一有利条件，在校园中开展咨询工作。所谓同辈咨询，是指提供咨询服务的人是在校学生，由于他们与前来咨询的学生身份接近、经历类似，更能理解彼此的困境和担心，因此他们所提供的咨询建议也往往更容易被接受。能提供咨询服务的学生都经过学校的专业训练，拥有较高的财商，他们的参与极大地提高了财商教育的效果，他们自身也成为高校中拥有实践经验的专业的财商教育后备人才，是一件一举两得的事情。肯塔基大学充分使用同辈咨询的形式为学生提供财商教育服务，在美国大学中比较典型。肯塔基大学 2017 年 3 月成立了"财经幸福中心"（Financial Wellness Center），中心设有"金钱猫小组②"，小组由 10 多名学生组成，学生的专业多是经济、会计、财务、管理、数学、统计等，受过一定的财务规划训练，他们熟练掌握学校的各种资源信息，可以为学生提供有效的信息帮助，预约咨询、提供一对一的财商咨询、作报告、为课程助教、开展财商

---

① 根据俄亥俄州立大学的研究成果，凡是接受了一小时同辈咨询的学生，在预算和金钱管理信心方面有显著的提高。——笔者注。

② 肯塔基大学的学生外号"野猫"（Wild Cat），是美国高校的一种有意思的校园文化。——笔者注。

教育方面的引导性游戏等。多年来，该小组运转良好，所提供的建议真诚有效，深受学生的欢迎。

（二）最核心的形式：开设财商教育课程

课程是"为了达到一定的教学目标所设计的一系列教学科目和活动，以及所有教学科目或活动的实施过程①"。"任何教育的最终效果取决于直接面对学生的课程建设和实施过程②"。"课程是高等学校人才培养质量的核心元素。笼统地讲，高等学校的人才培养是通过课程实施的，学校的办学理念、培养目标、价值取向都体现在课程设计之中。③"进入高校课程体系，意味着财商教育进入人才培养的"主渠道"，地位得到了提升，效果得到了显著的加强。美国高校实施财商教育课程的形式主要有三种：第一，一套课程（Program），即为了实现提高学生财商的目的而设计的环环相扣的多门课程。比如，马里兰大学东海岸校区，开发了一套财商课程，专门用来提高家庭中第一代大学生的财经素养。印第安纳大学开设了一套由浅到深的财商教育课程，由三门课程组成，学生可以单独学习其中的一门获得 1 学分，也可以学习一整套获得 3 学分。第二，单门课程，以财商教育为主题的单门课程。布朗大学、康奈尔大学、爱荷华州立大学、霍华德大学等美国很多高校开设了这种课程。单门课程比较灵活，可以单独设立，也可以作为套课的一部分，如南佛罗里达大学设立了"学生成功所需的生活技能"课程体系，其中一门课是财商教育。第三，认证课程。佐治亚大学的财商课程通过了美国"财经规划师证书"（Certified Financial Planner，CFP）委员会的认证，学生在校内完成 7 门相关的课程后可以获得财经规划师证书资格，课程采用线上自学的方式。课程设置的时间不固定，有的安排在大一，如新

---

① 别敦荣.大学教学原理与方法：教学改革演讲录［M］.青岛：中国海洋大学出版社，2019.

② 潘懋元，周群英.从高校分类的视角看应用型本科课程建设［J］.中国大学教学，2009（3）：4-7.

③ 杨同毅.高等学校人才培养生态论［M］.北京：高等教育出版社，2012.

墨西哥州立大学规定所有的大学生都要接受财商教育，肯塔基大学则是在新生培训时进行财商教育，更多的是不固定，由学生根据学习计划进行选择。

（三）最新的形式：线上教育

现代高等教育中，线上教育手段被运用得越来越多，已经成为不可或缺的内容。由于现代网络技术发达、学生学习习惯的改变，以及线上教育具有内容丰富、方便快捷、更新及时、实用性强等优点，线上教育已经成为高校中不可分割的教育资源和教育形式。众所周知，美国高校是世界上最早探索线上教育的高校之一，线上教育实施时间长，早在 20 世纪 70 年代，凤凰城大学的线上教育经验独树一帜。伴随慕课的快速发展，美国推出了 edX、Coursera、Udacity 等多个线上教育平台，2012 年开始，麻省理工学院、哈佛大学、斯坦福大学、普林斯顿大学等高校纷纷向外界提供免费的线上课程，美国高校的线上教育呈现爆炸式发展趋势，线上技术成为课程内容的一部分，贯穿人才培养的始终。在财商教育方面，美国高校延续了这一优势，几乎每所高校都充分利用网络资源，通过设立门户网站、开发手机 APP、建设网络课程的方式，让需要财商教育服务的学生可以更便捷地获得财商教育资源。哈佛大学的做法很有代表性，哈佛大学学生服务处在部门网站单独开设"财富福利"栏目，栏目覆盖的内容主要包括两大部分，一是与学生日常财务密切相关的内容，如个人财务问题的小贴士、专题培训课程（主题包括学生贷款的申请与使用、当个人收入遇到问题的时候应该怎么办等学生迫切关注问题问答）等。二是立足学生长期财务管理的培训内容，如关于预算、存钱、信用卡等相关财务问题的各种系统的教育资源。华盛顿大学"财务服务办公室"管理一个网站，学生可以通过上面的多媒体展示和操作工具学习如何进行金钱管理。美国研究生院理事会开发的毕业生检测网站，为学生提供了一系列的财务信息，包括攻读学位的价值。该平台通过交互式的视频工具、具有吸引力的动态信息图表，让学生更好地掌握各种与借贷和支出相关的信息，帮助学生进行资金管理，分析未来的潜在收益。2020年，新冠肺炎疫情期间，线上教育获得了进一步发展，斯坦福大学、哥伦比亚大学等学校纷纷加大线上咨询服务力度，增加在线教育课程数量，让身处校园之外的学生也能接受财商教育。此外，线上教育常采用丰富、个性、灵活的视频教学主题，融复杂艰深的财商教育理论于通俗有趣的活动中，收到良好的反响，极大地吸引了学生参与的积极性。更值得一提的是，线上教育在资源共享方面具有得天独厚的优势。高校之间、高校与社会机构之间建立了良好的资源共享机制，高校与社会上一些在财商教育方面比较成功、拥有较多资源的机构建立合作关系后，通常登录一所高校的网站，就可以享受众多的网络平台的优质财商教育资源，非常便捷，深受学生欢迎和喜爱。实施线上教育的高校网络上的点击率和下载量逐年上升，成为一种深受大学生喜爱的方式，因此，也成为实施财商教育不可缺少的方式。

（四）最隐性的形式：校园文化

大学生财商的提高是一项复杂、系统和长期的工程，既需要通过课程教学、学术研究、专题培训等显性手段进行教育，也需要合宜环境的不断滋养，在潜移默化中实现财商教育目标。充满财商教育文化的校园，最能发挥对学生良好的隐性教育作用，达到提高学生财商意识的效果。因此，很多高校积极营造校园文化，将财商教育思想渗透到学校的每个角落，普林斯顿大学、哈佛大学等学校设立了"财经素养日"或"财经素养月"，举行包括"研究生的财务计划沙龙"等在内的丰富多彩的学生活动。加州大学的本科生社团"money think"，每年在全校范围内举行竞赛，参赛选手们进行头脑风暴和大胆创新，2019届冠军的作品是一款帮助学生实现精准预算的工具性软件，该软件在大学生中深受欢迎并被广泛运用。除学校层面的作用，很多二级学院也在财商教育中扮演着重要的角色，其效果往往不局限于一个学院成为同样重要的措施，在全美国都成为亮点，如加州大学伯克利分校法律学院"财务资助办公室"，每个秋季学期举办预算、学生贷款管理的会议，提供包括制定财务计划、做文件夹、为校园生活做预算、消费者债务/信用、学生贷款、贷款小贴士、归还贷款等方面的咨询、报告和培训会。学生在参与校园活动的过程中深刻地理解财商教育的内容与目的，提高了财商意识，并最终在行与思方面有所转变。

（五）开展相关研究

大学不仅是实施财商教育的场所，也是开展财商教育相关研究的重要场所。一方面，大量学者个人的研究领域和专长是经济学、金融学、投资学、理财学、财商教育理论等，取得了丰富的研究成果，充实了美国财商教育理论研究，推动了财商教育实践的发展。另一方面，还有一些大学建立了高水平的财商教育研究中心，发挥了更广泛而深远的作用。其中最有代表性的如乔治华盛顿大学的"全球卓越财商中心"（The Global Financial Literacy Excellence Center, GFLEC）（以下简称"中心"），就是一个这样的机构，其定位是全球财商研究、政策、教育孵化器的领导者。中心于 2011 年由乔治华盛顿大学管理学院成立，在财商测量工具的开发、设计财商教育项目、起草政策提纲等方面居于全球领先地位。中心研究主题非常丰富，包括财商教育对居民的财务态度、行为的影响效果，财商的影响因素等基本理论研究，也包括美国各州财商教育实施等调查数据的展示；既有不同群体中的财商表现等长期坚持下来的常规研究，也有在新冠肺炎疫情期间公民财务脆弱性、恢复能力研究等最新研究。中心从 2013 年开始已经和经济合作与发展组织的财商教育国际网络（International Network on Financial Education）举办了 5 届财商教育国际研讨会，与世界养老峰会（World Pension Summit, WPS）举办两届全球财商峰会，致力于推动财商教育在全球范围内的发展。特别值得一提的是，中心组织了全球范围内的财商调查，调查从通货膨胀、基本计算能力、风险分类、利润计算的角度进行，并提出具有普世意义的研究结论。所有的研究成果对推动财商教育具有重要的参考意义，也为学者从事财商教育研究提供了丰富的理论和数据支持。再比如，科罗拉多大学的消费者财经决策研究中心、波士顿学院的退休研究中心等也都从各自的角度关注财商的问题。印第安纳大学、哈佛学院、南犹他大学、纽约州立大学、雪城大学、马里兰大学、肯塔基大学等在财商教育研究方面也都作出了独特的贡献。

（六）社会服务

美国的高校历来有向社会开放办学的传统，在财商教育方面也是如此，财商教育的社会需求很大，大学提供的财商教育服务不仅面向校内学生，也面向社会。

亚利桑那大学的"Take Charge Cats"（前身是 Credit-Wise Cats[①]）不仅面向本校的学生提供服务，其所在的图森社区中的高中师生、社区居民也可以申请参加学校的财商教育，学校通过"工作坊"的形式已经为 21000 多名社区成员提供了有关消费计划、储蓄、信用卡管理、预防诈骗、投资自己等财商教育服务。有意思的是，学校每年举办一次 AFF（Arizona Financial Face-Off）竞赛，图森社区的高中生都可以申请参加，竞赛的主题是家庭购买、储蓄、消费计划、信用卡管理等，奖品为现金，该竞赛已经成为学校的品牌项目，在社区内非常受欢迎，每年吸引大量的学生参加。

查普森学院的财经素养中心（Champlain's Center for Financial Literacy，CFL），成立于 2010 年，不仅为本校学生提供财商教育，也向所在的佛蒙特社区提供财经素养方面的服务，并在全国范围内开展财商教育活动。"中心"发布了"佛蒙特财经素养行动计划"，致力于加强全体佛蒙特居民的财商。"计划"成立了 3 个重要的委员会，分别是："K-12 委员会""高校委员会"和"成人委员会"分别承担各个范围内的任务，委员会的成员来自佛蒙特的各行各业，是对佛蒙特的财商教育热心的成员。中心开发的"惊奇岛"游戏，将财商教育理念和知识点融入游戏，深得中学生的喜爱。同时，"中心"与其他的财商教育机构、政府部门、非营利组织等一起为 K-12 学生、大学生、所有

---

① 亚利桑那大学的财商教育项目以"猫"命名，是因为该校篮球队的名字为"野猫队"是美国高校篮球队中的强队，深受学生们的喜爱，在学校中已经形成一种"猫"的文化。——笔者注。

的老师开发财经素养技能，为当地、本州以及全国的大、中、小学生和老师们提供财经素养方面的技能培训咨询。近年来，由于中心的努力，其在校外的作用越来越大，"中心"定期发布财经素养报告、开发面向全国的线上竞赛、建立专门用来培训高中教师的网站等，逐渐发展成为集教学、研究、服务于一体的，在全国范围内颇具影响力的财商教育中心。

密西西比州立大学所在社区的居民可以免费获得学校提供的有关个人理财方面的资料和视频。斯凯兰学院的 Spark Point Services 是个一站式的财商教育和财经培训服务中心，学院的学生和社区居民都可以参加中心举办的工作坊、培训，获得相关的资源。西南印度理工学院的"家庭扩展教育项目"也向社区居民开放。得克萨斯技术大学"从红到黑项目"提供财经咨询、财商教育和财经技术教育，同时面向学生和社区居民。

三、美国高校财商教育的启示与趋势

（一）实施财商教育是高校的必然选择

几乎所有的美国高校都在不同程度上实施财商教育，并且正从被动实施转变为主动实施，即从单纯地为了满足联邦政府对获得联邦贷款的学生必须接受财商教育的要求转变为高校从自身需要出发主动实施财商教育。美国高校开展财商教育的积极性很高，其触发原因是为了解决越来越多大学生还不起学费贷款以及由此带来的辍学、就业难、适应社会难等现实问题。财商教育的主要内容也围绕各种"资助"的辅导。财商教育效果显著，根据印第安纳大学的研究，从2011年至今，学生借款量下降了12460万美元，借钱的学生下降了19%。

但实质上，美国高校财商教育并没有止步于有关贷款、信用卡、防止金融诈骗等学生上学期间的财务管理问题，更致力于以生涯规划的方式服务学生终身发展。哥伦比亚大学认为，大学生处于学校系统和社会系统的交界处，是世界观和价值观培养的重要阶段，是国民教育体系可以集中力量实施影响的最后

一道线，对大学生实施财商教育将使其受益终身。财商教育的内容也经常涉及职业规划、退休计划等，是对人生的通盘考虑。美国高校正逐渐意识到，经济金融环境越来越复杂的发展趋势不可逆，财商是伴随学生终身的能力。实施财商教育是培养一名合格大学生的必然要求。

（二）高校财商教育目标清晰

高校是培养专门人才的场所，美国高校全面推进财商教育服务于高校人才培养的整体目标。美国高校开展财商教育的目标非常清晰，分为三个层次：第一，培养学生基本的财务管理能力。解决学生上学期间的学费、生活费的管理问题，为学生顺利完成大学学业保驾护航。第二，将财商能力理解为每个人必备的基本能力，财商课程和财商教育活动面向全体学生，通过传授财商知识，提升学生财商能力，培养学生在现代经济社会生存的能力以及终身发展的能力。第三，培养金融、经济学以及财商教育方面的精英，这主要通过开设专业课、获得认证等方式完成。

（三）财商教育实施需要严密的组织

有的高校设有专门机构负责组织、实施财商教育。山姆休斯敦州立大学成立了"学生金钱管理中心"，白求恩库克曼大学成立了"白求恩库克曼投资协会"，查普森学院成立了"财商教育中心"，印第安纳大学有"财经素养办公室"、雪城大学成立了"财经素养中心"，详见表3-13。专职机构的建立在美国高校财商教育中发挥了积极的作用，承担着开展财商教育活动的重要任务。有的高校在原有的行政管理系统中增加财商教育的服务功能，如哥伦比亚大学将财商教育设在学生财务服务处，各本科学院和研究生学院都分别设有财务资助办公室，共同肩负着财商教育的工作。杜克大学推行"财经素养倡议"，全校的教职工、本科生、研究生都要参加，并且学生贷款办公室、财务处、财务资助中心、生涯中心、校友事务处、经济办公室等所有部门都参与其中，构建了一套涵盖教师、学生、校友的体系，形成了良好的财商教育生态环境。严密的财商教育组织保证了全校范围内财商教育的实施，发挥着规划、协调、监督、考核等重要功能。

表3-13　美国高校中负责财商教育的专职机构一览

序号	机构名称	大学	序号	机构名称	大学
1	白求恩库克曼投资协会	白求恩库克曼大学	7	权力猫财商咨询中心	堪萨斯州立大学
2	财商教育中心	查普森学院	8	财务成功办公室	密苏里大学
3	财经素养办公室	印第安纳大学	9	学生钱财管理中心	北得克萨斯大学
4	财经素养中心	雪城大学	10	俄亥俄州立大学学生健康中心	俄亥俄州立大学
5	学生钱财管理中心	山姆·休斯敦州立大学	11	Spark Point Services	斯凯兰学院
6	成功中心	南佛蒙特学院	12	经济教育中心	威斯康星大学密尔沃基分校

资料来源：根据各高校官网发布的消息整理。

（四）与校外机构合作，充实财商教育资源

财商教育需求广泛，实施机构众多，通过资源共享可以实现高校和受教育群体的利益最大化。美国高校开展财商教育善于引入外部的优质资源为自己所用。美国有很多专业从事财商教育的机构，如"financial literacy 101""Love Your Money""iGrad""Money Smart"等（见表3-14）。这些机构既有营利机构、研究机构，也有专门的公司，其共同特点是财商教育经验丰富、主题各有侧重、财商教育资源丰富多样，深受学生欢迎。因此，高校纷纷采取合作的方法引入外部资源。如哈佛大学引入的是"财务福利的绿色通道（这是美国一家专门做财务咨询的非营利组织）"建立链接，在2020年新冠肺炎疫情期间，该组织认为最好的财务管理建议就是不生病。再如，CashCourse是一门免费的线上教育课程，由全国财商教育基金会资助，课程的主题包括财商基础、大学的花费、留学、找工作等，课程提供有关信用卡、储蓄、识别金融诈骗、为退休做准备、读研究生的花费等内容，非常贴近大学生的现实生活，目前美国有 550 多所大学将该课程列为财商教育的基础课。"Love Your Money"是在美国金融监管局（The Financial Industry Regulatory Authority，FINRA）的资助下，由田纳西大学家庭与消费科学对外合作部建立的一个网站，该网站通过互动的方式教会学生做预算和还债。"Money Smart"是联邦存款保险公司（Federal Deposit Insurance Company，FDIC）于 2001 年开发的一项财商课程，其教学的重点是信用卡和银行服务，目前被包括佛罗里达社区学院在内的 30 多所大学和学院引入学校的财商教育课程体系中。"Mapping Your Future"由联邦家庭教育贷款项目所资助，为多个年级的学生提供财商教育。"My Money"是财商教育委员会开发的一个财商教育网站，为所有的会员单位提供财商教育资源，其特色在于可以根据人的一生在不同阶段面临的重大事件进行合理预算，该项目涵盖内容全面，几乎可以与所有的财商教育项目结合。"iGRAD"是一家专门从事财商教育的公司，与美国 200 多所高校合作，最大的特点是可以根据合作高校的要求，进行个性化设计，如为加州大学伯克利分校设计的财经素养教育工具提供的服务包括：学生通过注册、提交个人简历，可以获得个性化的教育资源，协助学生实现金钱管理、生涯规划、学生贷款知识和技术等方面的教育，通过推荐的视频课程，帮助学生财务管理、勤工助学，尽快实现财务自由。外部资源的合理利用，在一定程度上减轻了学校的压力，极大地丰富了高校财商教育的渠道，提高了财商教育效果。

表 3-14　由社区、非营利组织、企业提供财商教育的项目一览

	类型				内容		
	非校园项目	课程	游戏	线上	学生贷款	信用卡、债务、利润	预算与储蓄
Buttonwood		√		√	√	√	√
CashCourse		√		√	√	√	√

续表

	类型				内容		
	非校园项目	课程	游戏	线上	学生贷款	信用卡、债务、利润	预算与储蓄
Financial Awareness and Consumer Training for Students	√	√		√	√	√	√
Financial Literacy 101		√		√	√	√	√
Love Your Money		√		√		√	√
iGrad		√	√		√	√	√
Mapping Your Future	√			√	√	√	√
Money Smart		√		√		√	√
Money Topia		√	√	√	√		√
Money U		√	√	√	√	√	√
OnTrack Financial Education and Counseling	√	√		√	√	√	√
SALT Money		√				√	√
Society for Financial Education and Professional Development，Inc	√				√	√	√
TG Student Financial Education	√	√		√		√	√
USA Funds Life Skills	√			√		√	√

资料来源：财商教育委员会 2015 年的报告。

（五）财商教育是高度弹性的

美国高校财商教育过程具有很强的灵活性和可选择性。除享受联邦贷款的学生有规定学时需要完成外，学生在财商教育方面拥有相对较大的自由空间和较强的选择权。这与美国高校人才培养的理念一致，看重学生的自主性能力培养，学生可以根据自己的人生目标设计，自由地选择财商教育计划：修学分、参加工作坊、竞赛、听报告、线上教育……这种自由的设计，学生可以学习想学的、爱学的，更能满足学生的个性化需求，也让学生为自己的选择负责，实现更好的教学效果。财商教育也是高度个性化的，如加州大学伯克利分校为每个学生建立了一个"cal 中心"账号，其中内容丰富，学生在学期间可获得的所有资助、已经申请的资助、学费缴纳情况等相关信息一应俱全，学生可以一目了然地对跟学校上学有关的所有账目进行管理。便于学生实现自身账户、财务的最优管理。财商教育具有极强的包容性，有很多针对家庭中第一代大学生、女大学生、低收入群体等的财商教育内容。

（六）财商教育贴近大学生的生活

大学中开展财商教育的形式，既有高深的专业课，也是很务实的解决大学生涯中面临的现实问题，资源丰富多彩，才能吸引大学生的参与，调动积极性，并产生深远影响。有研究表明，当所学的知识与生活密切相关的时候，记忆效果比较好（Jumpstart，2006），因此，财商教育委员会建议高校开展财商教育时要贴近学生的生活。可以看出，美国高校财商教育的主题很多涉及的是银行账户、信用卡管理、消费者权力及保护、利率、预算、还款、经济储蓄、退休基金、购房、健康储蓄、学生贷款等与学生生活密切相关，这极大地提高了学习效率，增强了学生学习的积极性。

（七）重视对财商教育效果的测评

财商教育实施多年，是否产生了积极的效果？这也是很多政府、研究机构、老师和学生们所关心的。因此，加强对高校中已经实施项目的测评也就非常必要。虽然针对财商教育的测评并不容易，2011 年，政府绩效办公室（Government Accountability Office，GAO）提出，缺乏有力证据说明现有措施中哪种最为有效。财商教育委员会也将进行绩效研究作为重要研究选题。但事实上，很多政府部门、社会组织、研究机构已经尝试通过各种途径对现有的课程、项目、方案的实施效果进行考核。2014 年，美国消费者金融保护局提出，财商项目测评可遵循的原则是：第一，使用随机分组和控制组的结果进行对比，判断财商教育效果；第二，不能仅考核财经知识的获得情况，要在一个相对较长的时间范围内对财经行为进行测评；第三，要考察将财经知识应用于解决现实问题的能力；第四，要兼顾财经态度和满意度的测评；第五，要综合考虑来自官方的数据，比如还款情况、信用报告等，这些数据也可以在一定程度上说明财商教育效果的好坏；第六，支持针对不同目标群体的财商素养研究。2016 年，国家财商教育捐赠委员会提出，好的财商教育具备五个特征，即训练有素的教育者/经过审查的网上教育方案；经过评价的项目材料；及时的引导；相关的学习主题；有效果。这些原则的提出，为财商教育绩效考核提供了有益的思路，并逐渐在部分高校中试用。

截至目前，经过测评之后，被认为有一定效果的高校项目有：亚利桑那大学"信用聪明的猫"（Credit-Wise Cats）项目，联邦存款保险公司的"机灵地花钱"（Money Smart）课程，以及金融监管局的"爱你的钱"专门网站（loveyourmoney.org）进行测评。"信用聪明的猫"项目是亚利桑那大学开展的一项财商教育沙龙，经过测评，认为该项目有助于提升学生的财经认知和更理智的财经行为。参加过该项目的学生可以对信用卡形成更全面的认识，避免信用卡陷阱，发挥信用卡的积极作用。"机灵地花钱"项目测评结果也非常好，凡是参加该项目的人财务行为都有了明显的改善，比如开始有规律地存钱，参加项目后，95% 的人学会预算的方法，并将其运用于现实。对"爱你的钱"网站的测评，在 5 所大学中进行，分析了 3800 个参加面对面咨询和 5000 个网络用户的效果，分析认为，用户对自身财务管理的信心得到了很大的提升，并在帮助用户增加储蓄、减少花费、制定财务目标、形成正确的财务态度、减少财务压力等方面都有着明显的、积极的作用。

（八）强化师资队伍建设

训练有素的教师对于保障财商教育效果至关重要，国家财商教育捐赠委员会提出，训练有素的教师指的是在个人财商方面充满自信的、称职的，在教学内容和教学技巧两方面都展示出对财经知识的高水平理解。美国大学校园中丰富多彩的财商教育活动，其背后正是默默付出的这些教师队伍。从美国高校的经验来看，这支队伍比较庞大，从事财商教育的老师由多个部分组成。第一部分是专业课教师，这部分教师分为两种，一种是原本就进行理财、投资等方面的专业教师，他们是进行财商教育的核心力量；另一种是经过培训的其他专业课的教师，即将财商教育与本专业相结合的教师，如历史、语言、文学、数学、公共政策等都能与财商教育融合在一起，这些老师经过一定的培训之后开发出本专业、本课程中的财商教育元素，将财商教育与原本的专业课教育融合在一起。这一部分教师是高校实施财商教育的灵魂所在，是高校中财商教育与其他课程教育有机融合的所在。第二部分是负责提供财务资助的教师。美国很多大学生都需要贷款才能完成学业，可申请的贷款种类非常丰富，大学中设有多个负责此项工作的机构，如密歇根大学设有学校资助办公室，勤工助学办公室，负责管理奖学金的荣誉办公室，与学院、系中相关的办公室，负责研究生奖学金审批与发放的研究生办公室，妇女教育中心（提供一种贷款项目以及部分紧急贷款，每年提供 30 多个奖学金名额）① 等，大大小小能提供资助渠道的机构非常丰富。每一种能提供资助、贷款、奖学金等项目的机构都安排有专职教师为学生提供相应的咨询，这些老师除了一对一的咨询服务或指导之外，也经常通过讲座等形式向学生普及贷款方面的知识，是实施财商教育不可缺少的力量，也是与学生的生活密切接触的所在，是高校财商教育师资队伍中的中坚力量。第三部分是专职负责财商教育的老师。他们负责财商教育咨询、网站建设等财商教育中心的运营事宜，这是一支最有财商教育特色的师资队伍。第四部分是负责讲座的校外教师。他山之石，可以攻玉。频繁的学术交流是高校亮丽的风景线之一，经常邀请校外的专家、学者、有经验的人士到高校开设讲座，对培养学生的财商可以发挥出意想不到的效果。第五部分是有的学校中的生活老师、生涯辅导老师等扮演着财商教育老师的角色，他们为学生提

---

① 张志刚. 美国密西根大学研究生学费及资助情况浅析［J］. 世界教育信息，2007（4）：71-74.

供有关住宿、生涯规划等方面的建议，都涉及财商教育的内容。第六部分是非常值得借鉴的，高校很看重"同辈"在财商教育中的作用。所谓的"同辈"指的是在校的大学生以及少部分刚毕业仍继续提供服务的学生。在校的大学生中包括志愿者、勤工助学学生以及打工的学生，他们都受过专门的财商培训，可以为学生提供很好的财商咨询，包括经验分享、制定预算等，这个群体极大地充实了教师的队伍，更重要的是，"同辈"能发挥老师发挥不出的作用，达到更好的效果。在财商教育的过程中，学生既是受教育者也是教育者，美国大学校园里，充满了学生们忙碌的身影。有时候，由学生来传递财商教育的信息和经验，其教育效果比教师还好。俄亥俄州立大学非常重视发挥学生的作用，学生成立了一个"红与灰财经公司"，公司由 60 名学生志愿者组成，负责提供财商教育。新泽西城市大学成立了"学生财经素养专家团队"，成员全都是来自各个年级的学生，学生通过提供工作坊讨论、校园沙龙、学术讨论等形式提供财商教育服务。

为了保障老师们有能力、有信心提供财商教育，美国高校重视针对教师的培训，主要措施有：举办面向教师的学术沙龙，为咨询教师提供培训，为有潜力的学生开设针对性的课程、安排实践活动，与社会上成熟的财商教育教师合作，获得相关经验等，都是大学中可行的做法。随着针对教师培训的需求越来越多，也有一些机构提供这方面的服务，查普森学院财经素养中心开发了一个三学分的暑期培训项目，是专门针对教师的一项培训，内容涉及财经基础知识、教学内容、教学技巧等。

（九）走专业化发展的道路

美国的"财务规划师"（Certified Financial Planner，CFP），有一套专门的认证程序，通过认证、获得财务规划师证书的人将有资格从事相关的工作。鉴于此，有的高校，将财商教育课程与财务规划师认证课程建立联系，开设相关的课程，凡是选修了课程的学生更容易通过认证考试，一门课程既可以完成学校的学分要求，又有助于获得一份含金量较高的证书，增强了财商教育课程的实用性。更进一步地，密苏里大学将学校的财商课程在"财务规划师标准委员会"进行注册，完成学校的课程即可取得相应的资格。这种一举两得的做法很受学生的欢迎。

第四章　美国家庭及社会中的财商教育

香港教育大学校长张仁良曾说："每个人生阶段都有不同的理财需要，例如大学生和刚投身社会的年轻人首次使用信用卡，在职人士需处理他们的强基金和其他投资组合，或置业人士申请楼宇按揭等。各阶段所需要的财务管理知识各异，但肯定的是越早掌握有关知识越好。"①

在美国，社会层面的财商教育是先于学校发展起来的，早在财商教育进入国民教育体系之前，社会中已经有了一些财商教育探索，这些探索为后来财商教育奠定了宝贵的基础，提供了基本的经验。当学校中的财商教育蓬勃发展起来的时候，社会中的财商教育也继续壮大。社会中的财商教育与学校中的财商教育相辅相成，互相影响，成为研究美国财商教育过程中不可缺少的内容。在家庭中，父母出于朴素的教育观念也会把基本的储蓄、消费、理财经验传授给下一代。如今，伴随着财商教育的蓬勃发展，家庭教育和社会教育中的财商教育也越来越专业，内容越来越丰富、方式越来越科学，对国民教育体系形成了重要的补充，共同构成了美国庞大的财商教育体系。

---

① 香港教育大学理财教育团队获颁"2021 香港理财教育奖"［EB/OL］.［2021-02-07］. http：//www. zhuanlan. zhihu. com/p/349755383.

第一节 美国家庭中的财商教育

一、美国家庭实施财商教育的原因

"家庭是一切教育的第一场所,并在这方面负责情感和认知之间的联系及价值观和准则的传授。[①]"父母是孩子的第一任老师,父母的言行潜移默化地影响着孩子的行为。父母对待世界和人生的态度,尤其对待财富的态度会影响孩子的一生。在成长过程中,孩子会学习和模仿父母的态度与行为,从而内化成个人的素质和习惯[②]。家庭教育泛指以家庭为场所的教育活动,尤其指父母或其他年长者在家庭环境中自觉而有意识地对子女进行的教育。家庭教育对儿童、青少年的人生观、世界观、价值观的形成具有重要影响,是学校教育和社会教育的重要补充,同时在为儿童和青少年养成良好的习惯、培养兴趣爱好方面有着独特的作用。家庭财商教育是在对全体民众进行财商教育的过程中逐渐分化出来的。父母的价值观和财经观对孩子有直接的影响,父母是孩子获得财商知识最初的通道,也是最重要的通道,对孩子一生的财商养成发挥着基础性作用甚至更大的作用。

根据哈佛大学儿童发展中心的研究,对于3~5岁的儿童而言,家长在与孩子进行角色扮演、讲故事、做游戏等过程中都可以有效地提高孩子的执行

---

① 国际 21 世纪教育委员会报告. 教育——财富蕴藏其中 [M]. 联合国教科文组织总部中文科译. 北京:教育科学出版社,1996.

② 刘向锋. 财商教育初探 [J]. 山东工商学院学报,2021 (1):7-13.

力①。刘丹等（2015）也认为家庭金融教育对于大学生良好的金融行为的形成有着重要的影响，父母在大学生的金融行为的形成中扮演着重要角色。加强家庭金融教育是当代家庭教育的重要组成部分。② 学者 Deacon 和 Firebaugh（1981）提出了家庭资源管理理论，从投入、生产、产出和反馈四个过程解释个体在进行决策、行动时，其已有的知识、态度等对决策和行为产生影响，从而达到实现目标、提高生活满意度等结果，这些结果又对接下来的投入产生正向或负向的反馈作用③。良好的家庭熏陶可以在孩子幼小的心灵中播下财商的种子，让孩子终身受益。同时，家庭教育也可与学校教育、社会教育形成合力，实现最佳的教育效果。良好的家庭熏陶可以有效地在孩子的心灵播种下财商的种子，与学校教育、社会教育形成合力，达到最佳的教育效果。因此，重视发挥家庭的作用、父母的作用，培训父母的财商水平也是一个非常重要的方式。调查显示，九成家长会重点教育孩子如何理财，25%的家长表示要让孩子从学会使用零花钱开始树立正确的财富观。

二、美国家庭实施财商教育的背景

教育的基础在家庭④，在不同的国家、文化、种族、文明的话语体系中，家庭教育都一直被看作是非常重要的教育手段，其影响往往伴随人的一生。由于家庭教育的特殊性，家庭教育的实施多数都是依靠父母自身的能力、水平、经历开展的，大多数国家并没有针对家庭教育进行过细的强制规定或者干涉。

---

① Executive Function Activities for 3-to 5-year-olds, Center on the Developing Child, Harvard University ［EB/OL］. http: //developingchild. harvard. edu/wp-content/uploads/2015/05/Executive-Function-Activities-for3-5-year-olds. pdf.

② 刘丹，朱涛，李苏南. 大学生金融态度与金融行为研究——基于家庭教育的视角 ［J］. 教育学术月刊，2015 (6)：77-81，111.

③ Deacon, R. E. &Firebaugh, F. M. Family Resource Managemet: Principles and Applications ［M］. Boston: Allyn and Bacon, INC., 1981：291.

④ 唐梅. 不同文化传统下中美家庭教育中的评价比较 ［J］. 世界教育信息，2007 (4)：49-51.

美国在家庭教育方面影响最大的两项举措是：第一，建立家庭教育指导师制度。家庭教育指导师制度起源于 20 世纪 50 年代为弱势家庭父母提供家庭教育方法上的指导的"提前开始教育运动"。后来，有这方面需求的家庭越来越多，为了更加规范和科学，制定了家庭教育指导师资格认证制度。全美国几乎每个州都有家庭教育指导师协会或者与之相类似的机构，负责本州的家庭教育指导师的培训、资格认证、考核等相关组织工作。美国培养了大量的家庭教育指导师，他们任职于家庭教育协会、家庭教育中心、普通中小学、特殊教育学校、家长学校、幼儿园及其他有需要的社会机构，为大量家长提供了教育培训，极大地改善了美国家庭教育质量。第二，重要举措是"父母即老师"项目（Parents as Teachers Program，PAT），这是一项由美国联邦政府倡导的全国性家长教育项目，该计划广泛地推进家长教育，通过讲座、论坛、网站、杂志等多种方式普及家庭教育的重要性，传授家庭教育的方法，全面提高家长的家庭教育意识和能力。"父母即老师"项目的实施，源于 20 世纪 60 年代美国家庭结构的改变，如已婚妇女的就业、单亲家庭、未成年家庭、外来移民家庭的增多等，所有的这些都在挑战传统的家庭教育模式，在一线教育工作者的推动下，从密苏里州开始的"父母即老师"项目，迅速得到各个州的积极响应，并发展成为影响深远的全国性的项目。联邦政府的相关职能部门、各个州和地方学区都为"父母即老师"项目提供专项经费，开发课程，进行绩效考核。"父母即老师"项目的内容包括组织家庭教育指导师等专业人员对家庭进行家访，了解家长的家庭教育状况以及可能存在的问题。还会组织小组会议，将多个家庭组织到一起，开展主题活动，在活动中实现对家长的教育目的。通过"父母即老师"项目，美国家长们的家庭教育理念和能力得到了极大的提升，李静雅（2021）等的研究显示，自"父母即老师"项目开展以来，儿童自我控制能力得到提高，父母育儿知识和技能显著提高，虐待早期儿童现象减少，家庭成员患病率降低等成效纷纷显现。①

三、美国家庭财商教育的目标

家庭教育的时间段主要是从婴幼儿开始到 18 岁结束，在这个时间段中，家庭财商教育对孩子们的影响更为重大。父母把家庭财商教育称为"从 3 岁开始的幸福人生计划"②。家庭财商教育并非强制性的，各级政府对家庭财商教育也没有硬性的要求或者考评，多通过宣传教育的方式引导家长自觉进行教育。学龄前儿童在财商教育方面没有强制性的标准，入学之后的儿童按照国家标准进行。基本上，家庭财商教育的目标为：第一，形成金钱的概念。家庭财商教育是从教会孩子合理地使用零用钱开始，让他们学会如何购物性价比更高，并尽量作出理性消费的决定，通过控制零用钱的额度，培养孩子合理使用零花钱，让他们学会制定消费计划，并给出恰当建议。第二，养成良好的储蓄习惯。父母会和子女讨论零用钱的去向，多余的零用钱帮孩子在银行中开户，养成储蓄的习惯，在整个零用钱的使用过程中掌握财商知识，提高财商能力。随着孩子年龄的增长，如果有其他的合理收入，家长也多采用鼓励、引导的方式，教会孩子为更长远的目标储蓄。第三，学会投资。在现代金融环境下，每个家庭都会面临一些家长也需要为孩子介绍金融产品，讲授投资知识，传授投资技能，初步培养孩子的投资意识。

四、美国家庭财商教育的举措

美国政府非常重视发挥家庭在培养孩子财商方面的作用，但是，家庭财商

---

① 李静雅. 美国密苏里州"父母即教师"家庭教育指导项目研究［D］. 辽宁师范大学硕士学位论文，2021.

② 周华薇. 美国人的少儿理财教育，从三岁开始的幸福人生计划［M］. 北京：中国法制出版社，1998.

教育都不是强制性的，美国各级政府为推动家庭财商教育主要通过两个方面来实现。第一，通过明确并广泛宣传 K-12 的财商教育标准，让家长了解到上学之后学校对学生的财商要求后自觉地在家庭中按照标准开展教育。第二，通过提供教育资源，引导家长在家庭中进行财商教育。国家金融（Country Financial）举办了"智慧理财儿童阅读项目"（Money Smart Kids Read Program），该项目鼓励家长以有趣的教育方式与孩子谈论金钱，并且通过阅读活动，使家长与孩子共同学习理财知识，这不仅能够增加亲子互动，而且有助于父母以恰当的、孩子能够理解的方式教授理财知识。国家铸币局开设了网络"硬币课堂"，通过视频课程、游戏等的方式，介绍美国各种面值的硬币的含义及历史，让学习者在了解来龙去脉和作用之后，既认识了硬币，也学到了历史、数学和科学知识。财经教育委员会在专门进行财商教育的网站上，开设了"社会保险"专题，内容包括给孩子起名字、申请社保账号等个人一生发展密切相关的社保话题。因为在财经教育委员会看来，美国的家庭结构正在发生很多前所未有的变化，一个小孩子从小要面对的亲人关系和传统意义上的家庭有所不同，而社保则是伴随孩子一生的有效保障，认识社会保险、合理使用社会保险，让孩子能够在需要的时候获得有效的经济支持，这正是财商教育委员会认为父母所应该具备的财商素养。

五、美国家庭财商教育的内容

根据政府所提供的标准，通过开展对父母的培训，美国家庭教育中，财商教育内容主要包括以下几个部分。

（一）合理使用零用钱

家庭中的财商教育是从合理使用零用钱开始的，给孩子适当的零用钱有利于培养孩子的自立能力，增强对社会的认识以及提高对金钱的管理能力。孩子的零用钱多少才合适？这并没有一个标准的答案，也不可能有统一的答案，但有的研究提出了一些发放零用钱的基本原则，可以用来参考：第一，根据孩子的年龄来定，孩子年龄越大，零用钱越适度增加；第二，根据孩子的自我控制能力来定，自我控制能力越强的可以适当多点，自我控制能力弱的则需要少一点，并借此进行引导，提高孩子的自我控制能力；第三，根据实际需要而定，正当合理的必需支出应该有所保证；第四，定期定量发零用钱，形成稳定的规律，有助于进行长远的储蓄和消费计划。[①]

（二）为孩子开账户

让孩子从小接触银行的流程有助于培养孩子的财商，在孩子未成年的时候就开设银行账户是一个很好的选择，带着孩子亲自参与这个过程，了解银行里的设施、职能、一些专业术语的含义，对各种储蓄进行比较、选择，并最终拥有一个自己的账户，随时关注余额的变化，据此调整消费与储蓄，是对孩子最生动鲜活的教育。

（三）鼓励孩子参加劳动

鼓励孩子从事力所能及的劳动、在劳动中感受财富的来源，是美国家庭中常见的对孩子进行财商教育的方法。劳动的范围包括基本的家务劳动如洗碗、擦皮鞋、洗衣服、拖地、修剪草坪、照顾小宝宝，也包括为邻居提供跑腿、遛狗、送报纸等内容非常广泛。随着年龄的增长，可以从事更加复杂和技术含量高的劳动，包括跳蚤市场、推销产品、网络技术方面的服务等。参与劳动并从中获得报酬，体会付出与收获，感受成人世界最大的经济运行规律，并与父母分享其中的收获经验。

（四）参与线上教育

比较值得一提的是，由于家庭教育的广泛开展，市场上也开发了一些专门进行家庭财商教育的线上产品，比如"爸爸证券交易所"，这是一款安装在电

---

① 艾琳·加洛，乔恩·加洛. 富孩子——全美最新儿童理财教育指南［M］. 北京：中央编译出版社，2003.

脑上的模拟软件，是一个虚拟证券交易所，里面有孩子的投资账户，有爸爸的虚拟公司，孩子可以在里面操作投资，账户中股票的名称、涨跌与现实世界的股票市场有着同样的行情。这个软件高度模拟现实的股票世界，是孩子了解金融运行规律的好帮手。再比如"工业大亨"是一款适合家庭使用的财商教育游戏，孩子在游戏中经营公司，寻找资源、制造产品、管理物流、扩大生产、提高产品技术含量、降低成本等整个工业生产的全过程都在游戏中模拟。孩子在参与游戏的过程中，了解商业与经济运行过程，掌握与构建一定的经济概念。

第二节　美国社会中的财商教育

根据吴遵民教授的界定，社会教育（Social Education）是以社会个体为对象，在正规学校以外的领域，通过提供包括政治、经济、文化和生活在内的内容丰富、形式多样的教育活动，促进个体身心健康、社会适应能力提高的教育活动①。早期社会教育的主要对象是青少年，如今随着社会的发展、终身教育思想的普及以及人口结构的转变，社会教育的对象也面向全体成年人。社会教育是一个国家和地区教育活动的重要组成部分。由于美国学校教育、家庭教育之外存在着体量庞大的以财商教育为主题的社会教育，如果忽略了这一部分，对美国财商教育的理解将是不完整，也不全面的。因此，本书所涉及的社会中的财商教育是指由政府、公共团体、私人设立的教育机构、设施或组织，对全体社会成员开展的除学校教育和家庭教育以外的有目的、有系统、有组织的财商教育活动。社会中的财商教育包括五层含义：第一，实施的主体是社会机

---

① 吴遵民．终身教育研究手册［M］．上海：上海教育出版社，2019.

构，无论它的创办者是政府、公共团体、非营利组织还是个人，只要对社会成员开展了有影响的财商教育活动，就可以被理解为社会教育的实施者。第二，实施的客体是全体社会成员，不以年龄、居住地、性别、种族、信仰等作为区别对象，全体社会成员全都包括在内。第三，财商教育的社会实施机构的性质非常多元，既有公立的也有私立的，既有营利的，也有非营利的，既有培训机构，也有公共文化机构，如图书馆、社区中心、美术馆、文化馆、博物馆、工作单位等。第四，财商教育的社会教育有明确的教育目的，以提高受教育者的财商素养和财商技能为最终追求，是与学校教育、家庭教育相互衔接和融合的教育形态。第五，社会中的财商教育形式非常灵活。不仅有传统意义上的"教—学"的形式，还有多种多样的"做中学"的形式，即在各种金融、经济实践中提升财商，这种方式也许更加实用。

对于大多数人而言，财商教育是一种实用的教育，无论是理念的改变、知识的获取还是技能的提升都可以直接作用于自身生活的改变，有助于提升生活的幸福指数。而在人生发展的长河中，面对环境的改变和自身追求的调整，每个阶段的财务问题也有所变换。因此，仅是家庭和学校中的财商教育是远远不够的，它需要一种更广泛的范围和环境，这样社会中的财商教育就显得非常有必要了。另外，对政府而言，财商教育具有极强的公平的意蕴，开展广泛的社会教育也有助于实现社会公平。根据联邦储备保险公司的调查数据，2011 年，大约每 12 个美国家庭中，就有 1 个美国家庭没有任何银行储蓄账户，在低收入家庭中，这个比例可能达到了 1/4[①]。对于大多数家庭而言，这是一种非常不理想的财务状态，有可能造成他们持续处于弱势的状态。因此，需要在社会层面推动开展更广泛的财商教育，以确保全体公民特别是弱势群体家庭有机会接触财商教育。

---

① Federal Deposit Insurance Corporation. 2011 FDIC National Survey of Unbanked and Underbanked Households ［EB/OL］. http：//www.fdic.gon/householdsurvey/2012 unbankedreport.pdf.

一、美国实施财商教育的社会基础

(一) 发达的社会教育体系

美国著名教育家杜威曾经说过："如果学校脱离校外环境中有效的教育条件，学校必然用拘泥书本和伪理智的精神替代社会的精神。①" 社会教育的思想在美国已经深入人心，美国各级政府和公民个体都很认可社会教育的重要作用。美国有发达的社会教育体系，扎实的社会教育基础，较长的社会教育历史，全社会比较接受社会教育理念。经过多年的发展，美国社会教育根据功能、教育目标、教育对象等的不同演化出很多种类，如成人教育、继续教育、社区教育等，从实施机构来看，有社会团体、企业组织、宗教团体、公共部门等。

广泛的群众基础、发达的社会教育体系、丰富的社会实践为财商教育的融入创造了得天独厚的实施条件，扩大了财商教育的实施范围和实施效果。

(二) 政府的大力推动

由于财商教育的特殊性，即财商教育是贯穿人一生的教育，在人生的各个阶段都会面临不同的主题，也因为经济环境的时时变换，需要不断变换接受财商教育的主题，因此各级政府不遗余力地推进财商教育。在联邦、州和地方政府的大力推动下，美国形成了一个庞大的实施财商教育的社会体系，成为美国财商教育链条中必不可少的一环。

如前文所述，美国看重社会组织办财商教育。繁荣与衰退交替的经济发展特点，让很多财商教育机构如雨后春笋般蓬勃发展，为美国实施财商教育提供了广泛的资源和合作空间。联邦和州政府是推动财商教育的主要推手，除此之外，还有大量其他机构也参与到这个工作中，包括非营利组织、消费者咨询组

---

① 吕达，刘立德，邹海燕．杜威教育文集 [M]．北京：人民教育出版社，2008.

织、财务服务公司、用人单位和教育机构。1994 年，美国证券交易委员会（SEC）成立投资者教育及援助办公室，美国投资公司协会设立投资者教育基金会，纽约交易所与大学合作开展投资者教育活动。2013 年，消费者金融保护局估算，每年美国公共部门在财商教育方面的投资约 67000 万美元。

（三）众多社会机构的积极参与

作为一个市场经济高度发达的国家，美国同样有着广泛的财商教育市场，名目繁多的财商教育提供着各种有偿的、无偿的财商教育活动。极大地丰富了美国财商教育的内容，推动着财商教育蓬勃发展。本书注重介绍一些在全国范围内影响力比较大的教育机构及教育形式。

1. 银行等金融机构

美国前联邦储备局主席艾伦·格林斯邦说"所有学习都应该在早期开始并贯穿生命的整个过程，理财教育也不例外"。社会上丰富的财商教育资源是美国财商教育得以迅速发展的宝贵财富，其中数量多、水平高、成规模、成系统的，要数整个银行系统。银行是推动美国财商教育发展的重要力量。但是，很多美国人的日常经费方面的管理并没有放在主流银行里，2017 年，6.5% 的美国家庭（约 840 万元）在银行中没有账户，18.7% 的家庭（约 2420 万户）在银行中不活跃。[①] 出现这种情况的原因，除个体出于保护隐私等因素考虑外，也与个体财经素养不高有一定的关系。所以银行非常有动力参与财商教育项目。由旧金山发起，在全美 20000 多家银行中推行的 "Bank On" 项目，就是为了让更多的人可以在银行中拥有账户，只要参加财商培训，就可以申请到免费或者低收费的账户，这一项目开始于 2006 年，在全美取得了广泛的认可。

社区银行在国家开展财商教育过程中发挥了枢纽的作用，社区银行与学校、慈善机构等部门合作，帮助各个年龄层的人更好地了解金融规律并做出负

---

① Federal Deposit Insurance Corporation（FDIC）. FDIC National Survey of Unbanked and Underbanked Households［EB/OL］. https：//www. fdic. gov/householdsurvey/2017/2017report. pdf，2017.

责任的财务决策。美国独立社区银行家（The Independent Community Bankers of America）董事长、总裁兼首席执行官比尔·爱（Bill Loving）表示：我们一直致力于提升公民金融知识水平，鼓励近 5000 家会员机构在社区内提供相关项目，以及打造政府、非营利组织和私营部门之间的伙伴关系。社区银行面向全国各地的政府、非营利组织等开展或参与本土财商提升计划。美国 98% 的社区银行提供财商提升项目[①]，通过组织活动，营造真实的理财情景，让学生参与到理财操作的模拟过程中，锻炼学生独立操作能力。此外，社区银行资助学校开发财商课程，安排银行工作人员进学校讲解财商知识，举办银行日、小小银行家等模拟活动。

阿克利州立银行拥有 1.53 亿美元资产，提供金融知识近 20 年[②]。除赞助社区金融工作坊和在当地高中举办金融讲座外，该银行还创办了优质理财儿童俱乐部（Good Cents Kids Club）。该俱乐部旨在向儿童传授金融知识，提高儿童的金融管理能力，每当儿童往储蓄账户存入 5 美元，他们就会获得奖励。此外，阿克利州立银行还赞助了一个高中生董事会，董事会每月在银行开会讨论各种银行业务议题。佛罗里达州社区银行和信托基金会将它们在整个市场中为提高公民金融知识所做的努力，视为一项长期的商业投资。它们开发了一个双语金钱智能项目（Bilingual Money Smart Program），旨在向人们传授关于资金管理的基础知识。社区银行还向"联合之路"（The United Way）捐赠了 3000多份财务小册子，分发给其成员机构的客户，向客户普及财务管理知识。此外，银行员工还与青年国际成就组织、佛罗里达大学的本地推广服务部以及养

① Ning Tang, Peter Paula C. Financial Knowledge Acquisition among the Young: The Role of Financial Education, Financial Experience, and Parents's Financial Experience [J]. Financial Services Review, 2005 (24): 120.

② Carol Patton. Community Banks Develop Financial Literacy Programs as Long-term Civic and Business Investments [J]. ICBA Independent Banker, 2003 (4): 50.

老院合作，就制定预算、避免身份盗用等主题开设课程或讲座①。

Visa 是一家实力雄厚且得到很多人认可的信用卡公司，在信用卡行业拥有广泛的影响力，该公司也将提高民众财商作为健康的经济环境的重要条件，因此 Visa 公司开发了大量财商教育项目和财商教育资源。Visa 在财商教育方面最著名和有着广泛影响的措施是"金钱使用技巧"（Practical Money Skills）项目，该项目在全球范围推行，项目共分为四大板块：第一大板块是学习板块，内含预算、储蓄、金融机构、信用、债务、身份盗用、生活事件（如买车、租房、买房、老人护理、退休）等多种主题；第二大板块是教育板块，包括从幼儿园到大学以及特殊教育的各个年级系统的教学材料，并包括教师教育、教育标准、在家教育孩子的策略等大量教育内容；第三大板块是游戏板块，是 Visa 公司开发的各种财商教育类小游戏，将财商教育融入娱乐环境，深受欢迎；第四大板块是资源板块，是 Visa 公司提供的跟财商教育相关的各种资源，包括电子版书籍、视频、App、学术会议、计算工具（如投资、税务、教育、贷款等）。由于"金钱使用技巧"项目质量高、受益面广，产生了极好的社会效果，因此，该项目自 2009 年开始便获得了 19 项奖项，其中包括教师信息金奖、加利福尼亚州教师协会奖、2013 年香港财商教育奖等。Visa 公司也利用自身优势，与包括银行、财富管理中心、教育机构等在内的 97 家机构建立财商教育合作关系，搭建消费者、教育者、银行和政府资源共享的平台。如自 2007 年开始，Visa 每年召开一次财商峰会，召集各界人士共同商讨财商教育大事。Visa 也与中国银行合作开展了多项面向青少年或者农村地区的金融教育、理财教育项目。

2. 非营利组织

由于财商教育具有重大的经济价值和社会意义，很多非营利组织也积极投

---

① 李先军，于文汇. 美国构建理财教育体系的经验与启示［J］. 世界教育信息，2018（8）：6-13.

身于此项工作，并且产生了广泛的影响。

（1）全国财商教育基金会（National Endowment for Financial Education，NEFE）。

该基金会正式成立于 1992 年，是美国首批完全致力于提供免费、优质财商教育的组织之一，其定位是开展财商教育的合作、研究和评估，提供财商教育资源。其前身是 1972 年设在丹佛的财务规划学院，该学院首先提出了财务规划的概念，并且建立了财经规划师认证系统。1984 年推出了首个高中财经计划项目（High School Financial Planning Program，HSFPP）。1992 年，全国财商教育基金会正式成立，并成为财务规划学院的母体单位。1995 年，全国财商教育基金会成为 Jump＄art 联盟个人财商素养的资助商之一。1997 年，全国财商教育基金会的董事会决定重新调整基金的职能，将精力集中于公共服务，将财务规划学院的工作全部转交给阿波罗集团。2005 年，全国财商教育基金会开发了"聪明的花钱"（Smart About Money，SAM）项目，是美国比较早的财商教育项目。2007 年，全国财商教育基金会推出"现金屋"（CashCourse）项目，是一个免费的在线项目，主要为大学生提供财商教育服务。2012 年，全国财商教育基金会开发出"财商教育评价工具包"（Financial Education Evaluation Toolkit）协助财商教师评价学习者的学习效果。全国财商教育基金会开展的活动丰富多彩，影响广泛，开设的培训课程分为三大部分：一是面向高中学生的"High School Financial Planning Program"，该项目共分为七个单元，主题分别是：理财规划过程简介、工作与收入之间的关系、制定个人储蓄和消费计划、有效使用和管理信用卡、个人资产的重要性、储蓄和投资的重要性以及根据储蓄合理用钱的好处、个人理财规划，七个单元全部上完至少要用 10 个课时，该项目在美国很多州都被采用，到 2014 年该项目每年受益的学生为 80 万~90 万人；二是为上文提及的面向大学生提供的"现金屋"；三是面向社会所有人的"聪明花钱"，围绕成年人在日常消费、账户、信用卡管理、储蓄等主题进行教育。

2021 年开始，全国财商教育基金会调整发展方向，关停了所有的培训项目，三大品牌项目"现金屋""HSFPP"和"聪明花钱"全部停止，将功能集中到开展财商研究财商教育效果评估和政策咨询方面。NEFE 对财商教育的研究工作由来已久、资历雄厚，致力于重新界定财商教育，2006 年至今，全国财商教育基金会已经资助研究项目 38 项，平均每个项目的资助金额为 137059 美元，资助了 26 个研究组织，2021 年资助金额达到 500 万美元。[①] 在财商教育效果评估方面，NEFE 开发设计了一套进行评估的流程，包括：选择正确的评估模式（如针对长期的项目、短期的项目、跨学期项目、培训者项目等各有不同）；选择一个评估模板；根据项目目标设计问题；决定需要收集的信息；从问题库中选择增加问题；写引言和结束语；建立评估网站链接并发到网上；评估和分析结果；保存评估；将评估结果与合作者分享。NEFE 面向所有的教师、教育机构等有需要的机构和个人提供评估活动，可以量身制定财商教育效果评估表。在财商教育政策咨询方面，NEFE 也取得了很多成绩。经常参与政府政策决策或者讨论工作。例如，2010 年 6 月 16 日，美国参议院老年人特别委员会有关"退休的挑战：终身储蓄"的讨论会中，邀请全国财商教育基金会主席参会。2016 年，全国财商教育基金会应邀为财经教育委员会制定的"财经素养的国家战略：促进财经成功：财经素养国家战略"提供咨询。2008 年、2013 年等全国财商教育基金会的前主席 Ted Beck 也曾经多次被任命为总统咨询委员会成员，为总统提供财商教育方面的相关建议和报告。

NEFE 提出了有效财商教育的五个关键因素，对财商教育具有很强的启示意义，这五个关键因素分别是：第一，训练有素的教育者。财商教育实现的关键是教育者自身对财商的信心、能力和知识，能创造一个良好的学习环境和学

① http：//www.nefe.org/news/2021/08/nefe – hits – 5 – million – milestone – in – research – grant – funding.aspx.

习氛围，在教学内容的选择和教学方法的使用上实现最好的选择。第二，合理的教学材料。财商教育的教学内容包括课堂活动设计、教学案例、学生作业等都应该咨询专家之后才能使用，并要经过多次效果检测才能最终确定教学材料。第三，及时的财商教育。财商教育应及时满足学习者的现实需要，例如，对于一个 16 岁的受教育者而言，学生贷款、汽车保险方面的指导比抵押贷款方面的教学更受学习者欢迎。同时，学习者也可以从课堂上获得其他方面的指导。第四，相关联的财商教育。与上一个关键因素类似，财商教育的主题、示例、内容应与学习者相关，否则很难取得很好的效果。第五，对效果进行评估。精心设计的评估可以让教师及时了解财商实施的效果以及可以改进的地方。

（2）Jump $tart 联盟（Jump $tart Coalition）。

该联盟成立于 1997 年，为非营利组织，成立之初其使命为提高青少年的个人理财能力，开展针对青少年的理财教育，促进财商教育发展，现在是一个致力于提供各种各样财商教育的联盟，是美国重要的财商教育推动机构之一。该联盟成员来自 30 个教育和理财服务机构，有 100 多个合作伙伴，包括政府机关、大学、金融机构等。

Jump $tart 联盟是一个全国性的联盟，在全美 51 个州包括哥伦比亚特区和波多黎各都设有州联盟，州联盟是独立的非营利组织，每个州联盟都有自己的董事会和章程，州联盟几乎完全由志愿者组成——没有全职的工作人员或固定设施，州联盟通过附属协议与全国联盟相联系。自 2005 年开始，设立最佳州联盟奖，每年颁给一个在财商教育工作中贡献最大的州联盟。Jump $tart 联盟每年进行大量的财商教育方面的活动，其中有五项工作在全国范围内影响比较广泛并产生一定的示范作用。第一，影响最大的莫过于其发布的《财经素养国家标准》。1998 年，Jump $tart 联盟发布了财经素养教育领域的第一份国家标准——《个人理财指导原则和基准》。2007 年，联邦政府授权其发布《财经素养国家标准》，此后又多次对其进行修订，最新版本是 2021 年的，每个版本的名称略有差别，但其宗旨是共同的，即对全国的财商教育发挥指导作用。虽然该标准并非强制性的，但仍被美国大多数州所认可，并成为各州开设财商课程的重要依据。第二，Jump $tart 联盟成立了"教师培训联盟"，这是一项由多个财商教育组织合作提供教师培训的联盟。经过培训后，80%的受训者都认为财经素养和财经自信得到了提高，90%的受训者将财经教育融入原有的教学中。第三，Jump $tart 联盟另外一项有广泛社会影响的活动是设计了财商教育的 12 个主题，并将这 12 个主题平均分配到 12 个月中，即每个月一个主题。1月的主题是"新年的决定"，制定一年的长期和短期财务目标；2 月的主题是"先把自己养活"，这是储蓄最关键的一步；3 月的主题是"消费者保护"，清楚自己作为消费者的权利和义务，指导如何保护自己以及确保信息安全等；4月的主题是"税务"，理解税务特别是收入税和雇佣税；5 月的主题是"理解信用报告"，分析信用报告的内容，良好的信用积分的作用以及信用管理局的角色；6 月的主题是"金融服务"，例如在银行和信用机构之间如何做选择，他们的要求是什么等；7 月的主题是"财务独立"，7 月是国家独立月，也是财务独立月，分析财务独立的重要性，财务独立是用今天拥有的财富按照理想生活；8 月的主题是"校园购物"，在所有的消费之前，要制定预算和购物策略；9 月的主题是"保险意识"，在健康的财务计划中，保险扮演着很重要的角色；10 月的主题是"理解信用卡"，聪明地使用信用卡，信用卡是一种灵活而方便的支付方式，但是如果不能合理使用可能会产生不好的后果；11 月的主题是"投资"，越早投资，则越早实现金钱的增长，有助于退休、大宗购物以及实现短期和长期的财务目标；12 月的主题是"假期购物"，赠送礼物的季节会导致消费的增加，但是计划和预算则有助于实现理性购物。联盟不仅设计了12 个月的主题，同时也设计了如何实现这些主题的方式和配套的资源。比如，12 月的建议包括制定预算的方式、优先使用现金、动手做礼物等，并提供了相应的资源渠道。第四，为了产生更好的宣传效果，Jump $tart 联盟自 2003 年开始每年在国会山上举行"财商日"活动，面向国会议员、工作人员、国会山社区和一些公众进行宣讲，宣讲的内容包括在财商方面进行的工作、良好的财商教育项目、可以获得的资源等。第五，"财商月"。每年的 4 月是 Jump ＄tart 确定的"财商月"，每年会举行一定的庆祝活动，很多合作单位也会在 4 月采用报告、演讲、纪念活动、颁奖等形式庆祝在财商教育方面取得的成绩。

（3）经济教育委员会（Council for Economic Education，CEE）①。

经济教育委员会成立于 1949 年，致力于在中小学中推动经济学教学，建立了联系 49 个州的网络议会，并与 250 多所大学合作，每两年对各个州和哥伦比亚特区的财商教育开展状况和青少年财商水平进行调研，将调研结果在网上发布，同时反馈给各州和哥伦比亚特区的相关部门，为他们的财商教育决策提供信息支持。负责为 K-12 学生提供财商教育的工具和知识，帮助学生们能够为自己、家庭和社区做出更好的决策。通过培训教师的方式开展活动。经济教育委员会开发的财商教育课程受到了各个州中小学的欢迎，如"思维经济学"、"数学与经济学"（一个将数学与经济学相整合的课程）、"顶点"（将经济学推理用于现实生活）等。CEE 也开发了很多网络教学资源，如"经济教育链接门户网站"，网站上有 400 多门免费下载的经济学和个人理财课程；"学习、谋生、投资"是一个有互动效果的学习网站；"造币厂"网站协助家长和老师教育儿童进行金钱管理。经济教育委员会开发的财商教育游戏"GENI 革命"，已经让 22 万余名学生从中受益。经济教育委员会举办的"经济学的挑战"是一项国家级的经济学竞赛，所有的中学以学校为单位组队，经过州的选拔比赛之后，每个州最优秀的队伍参加国家级比赛，最终获胜的前四名队伍，可以获得数额不等的奖金，截至目前已经有 10000 多名学生参与了这个比赛。经济教育委员会的教师培训项目在全美独树一帜，每年为全国 55000 名中

---

① https：//www.councilforeconed.org/.

小学教师提供财商教育培训，据不完全统计，这 50000 多名教师又会为 500 万名学生提供财商教育，接受培训的教师反映培训效果良好，且非常乐意向同事、朋友推荐该培训项目。

（4）国家信用贷款联盟。

该联盟成立于 1908 年，是一个致力于提升民众理财能力的教育机构，该机构通过免费的研讨会进行购买汽车、个人金钱管理等方面的咨询建议工作。20 世纪 70 年代起，该联盟逐渐把工作重点转向年轻人，为他们提供理财服务。2002 年，联盟在很多学校中设立分支机构，直接面向学生提供服务，12 岁以下的孩子只要花费 2 美元就可以开一个账户，最少可存款 10 美分，稍大一些的学生也可以参与。21 世纪初，国家信用贷款联盟与理财教育捐赠组织联手向高中学生赠送理财教育材料、用多种语言传授理财知识，以满足更多学生的需要。目前，美国共有 74 家类似的联盟，分布在 25 个州的 238 所学校里，他们已经形成了一个有机的系统，定期开展活动，为美国中小学理财教育提供了极大的支持①。

（5）财经素养 360 度（360 degrees of financial literacy）。

隶属于国家注册会计师协会的志愿组织，其使命是帮助美国公民理解个人的财务状况，掌握金钱管理技巧。它认为财商教育应该伴随个体的终身：小时候理解金钱的价值，长大之后实现平稳的退休。财经素养 360 度建立了一个门户网站，上面有关于个人财务管理的通用信息，如信用与债务、在国外工作、消费与储蓄、危机中的应对、退休计划、投资教育、新冠肺炎疫情影响下的经济对策等，内容实用，广受关注。

（6）"金钱第一"门户网站。

这是一个专门面向学生提供服务的网站，归"转变"公司所有，1984 年

---

① Lucey Thomas Andrew. The Personal Financial Literacy of Fourth Grade Students［J］. Master of Science Thesis，2002，8（10）：4-6.

开始面向高校提供支付、校园卡和校园商业活动的一系列服务，其业务亮点是专注于分析学生的消费特点，其理念是只有掌握了自己的消费习惯，才能更好地实现财务管理。该网站的学生消费特点分析报告也成为政府、学校、学术机构的决策或研究参考。

3. 用人单位

由于人的一生中很长的一段时间都处于工作状态，特别是具有一定的经济实力又有自主管理能力的时期基本是处于工作状态下的，因此用人单位开展财商教育可以发挥其独特的教育效果。做好退休计划、管理好退休资金，拥有幸福的晚年生活的保障，也是所有用人单位应该为自己的员工所提供的服务，同时，能进行良好人生规划的员工往往拥有更高的工作效率。

根据爱荷华州立大学的研究成果，美国大量的用人单位都通过不同的形式对员工开展财商教育。用人单位对员工进行财商教育的动力主要来自两个方面。一方面，由于法律、政策等有相关的要求，或资金支持等来自外部的原因。根据联邦政府的要求，特别是 1974 年的《雇员退休收入安全法案》的要求，所有的用人单位都有义务为员工提供适当的财商教育方面的信息等，以协助员工进行更好的规划。2014 年，美国出台了《从业人员创新与机会法案》（Workforce Innovation and Opportunity Act，WIOA），该法案为全国所有的从业人员提供资金支持、资源、培训等，用以支持从业人员更好地胜任工作。在该法案的支持下，劳工部推出了"青年员工项目"，凡是在校的青年人，年龄在 14~21 周岁以及参加工作的，年龄在 16~24 周岁的中低收入家庭的青年人都可以申请参加该项目，该项目为所有的参与者提供专门的财商教育，内容包括开设账户、制定预算、储蓄计划、实现储蓄目标的技巧、修复信用历史、养成好的金融习惯等。项目同时为青年人提供了大量的金融信息帮助青年人更好地做出金融决定。美国人力资源管理局也要求用人单位对雇员进行退休计划方面的教育，即培训员工进行合理的退休计划，包括心理、习惯、健康、资金等方面的规划，其中退休后的资金规划是非常重要的方面，因为退休之后大多数人都将面临收入减少但支出增加的情况，提前进行妥善的安排是非常重要的人生规划，这既是一项员工的福利项目，也是可以激励员工更加珍惜当下的工作和提升工作效率的方法。另一方面，对于用人单位而言，开展财商教育，提升员工的财商对于用人单位自身也有积极意义。开展财商教育有助于缓解员工的压力，特别是经济压力，有助于提高工作效率。据统计，每 10 个美国工人中就有 7 个有财经压力，并且是所有的压力中最常见的一种压力，并且 48% 的人认为，处理财经问题非常吃力①。超过 60% 的美国家庭没有能维持 3 个月正常生活的存款，如果出现紧急情况，美国的工人以及他们的家庭几乎没有什么可以利用的资源。即便是在经济繁荣的时期，经济压力也影响工人们的生产效率和身心健康。40% 的工人提出在提高个人财经安全感方面需要得到帮助。根据北卡罗来纳州立大学的研究成果，参与财商教育的员工，财商有明显的提高。同时，根据爱荷华州立大学的研究成果，当员工的经济压力小的时候，对工作的满意度会更高、更投入工作，也因此更有助于提高生产效率。因此，用人单位开展财商教育，对于促进生产是有积极作用的。用人单位进行的财商教育的内容通常包括：日常金钱管理、应对财务危机、将财务管理与健康管理挂钩（即随着年龄的增长，越来越多的支出用在医疗健康方面，因财商教育与健康教育密切相关）。

目前，美国用人单位开展财商教育的主要经验有：第一，倾听员工的心声，建立雇主与员工之间的信任关系。在制定财商教育计划之前，充分调研员工的需求，并有针对性地提供相应的培训，必要时请专业的培训公司开展相关的工作。第二，提供同辈服务，即从员工中挑选出在财务管理方面有成功经验的人员，扮演咨询和培训的角色。这一点与大学校园一样，在企业中，同辈具

① American Psychology Association, Stress in America: Are Teens Adopting Adults' stress Habits (2014) [EB/OL] . hhtp: //www. apa. org/news/press/releases/stress/2013/stress-report. pdf.

有更强的说服力，在帮助同辈养成积极的财经习惯方面可以发挥积极的作用，能够保证财经幸福项目实现更好的教育效果。第三，充分发挥现代信息技术的积极作用。通过开发财商教育网络游戏和手机 APP 可以提高员工的参与兴趣和参与范围，实现更好的参与效果。第四，积极建立公—私合作的模式。积极促进政府等公共部门与私人部门之间各种形式的合作，发挥政府的权威优势、信息优势以及私人部门的资源优势、执行优势，实现最佳的教育效果。第五，掌握财商教育的关键时间节点。根据多家用人单位的经验，员工刚入职的时候是实施财商教育的最佳时机。帮助新入职员工树立正确的财务规划理念，提高其应对财务风险的能力，进而增加对公司的信心，提高工作效率。员工刚入职时，在接受入职培训的过程中进行财商教育无论对公司还是对个人都是最佳的教育时机，掌握最佳时机之后，在同样条件下，教育效果可以翻倍。

二、美国社会实施财商教育的主要脉络

美国社会中的财商教育是一个非常庞杂的体系，它是孕育财商教育的基地，因为最早的财商教育就是从社会中自主发展起来的，同时也是美国财商教育政策的受益对象，从政府到正规学校对财商的重视也进一步刺激了社会中财商教育活动的蓬勃发展。社会中的财商教育精彩纷呈也反过来滋养了学校和家庭中的财商教育，成为美国庞大的财商教育体系中一道亮丽的风景线。社会中的财商教育其基本目的依然是服务于人一生发展所面临的多个主题。因此，本书对其主要脉络的梳理也建立在这个基础上，并分为以下几个主题。

（一）面向青少年的财商教育

实施财商教育不仅是学校和家庭的责任，很多非营利组织、私人企业、青年俱乐部也都在"非传统教育渠道"中开展财商教育，与学校和家庭中的教育互为补充，发挥着不可替代的作用。比如"国家女孩教育组织"，这是一个专门面向女孩提供有关领导力、勇气、实用技能的组织。该组织开发了一套面

向 9~11 岁女童的课程以提高她们的财商技能。该组织邀请志愿者、私人公司开展教育活动，让女孩儿们明确在人生的不同阶段她们可能会遇到的财务问题。除了理论学习，课程还设定了实践任务，如推销商品，参加网络上的指定练习等。完成实践任务的孩子们可以得到物质上的或分数上的奖励。该组织建立了一个网站，开发了一款财商教育主题线上游戏，在游戏中，孩子们可以选定一个角色，设定财务目标，只有实现目标才能完成游戏任务。游戏吸引了孩子们的参与，并在游戏中接受相关的教育。网站上也提供有关财务援助和学习机会方面的信息，是一个非常实用的网站。

在北卡罗来纳州，有一个面向 7~8 年级的低收入家庭的夏令营，除为孩子们提供一般夏令营的骑马、游泳、徒步旅行等传统项目外，还提供了财商教育项目，教育孩子们参加工作后可能会遇到的一些实际问题，孩子们在夏令营中可以学会财务平衡、制定预算、营利、管理金钱等实用概念和技能。

美国有一个遍布全国的放学后青少年教育中心，该中心共有 3700 多个分支机构，约有 400 万所学院，中心主要为 13~18 岁的青少年提供各种教育服务。到中心学习的多为弱势群体的青少年，如在科罗拉多中心 70% 的学员都来自弱势群体家庭。中心下属的 450 多个分支机构通过引入财商教育课程的方式为学员提供有关预算、储蓄、投资方面的教育。这种合作的方式，极大地提高了中心的工作效率。

明尼苏达州青少年行为矫正中心在其矫正课程中，加入了财商教育的内容，帮助学员理解财务管理、独立生活、工作能力等概念，帮助他们理解财经知识、掌握相关的技能，降低再次犯罪的概率。

亚利桑那州非传统高中开设财商教育课，学校将财商教育课程融入生涯发展课程，让学生在社区服务、工作实习、客户会谈等过程中，掌握背后的财商知识和技能，学校还提供了专门负责提供咨询的老师，随时回答相关的问题。学校积极与校外机构开展合作，如与当地的信用卡联盟合作，共同提供。

可见，社会中的青少年财商教育通过非营利组织、私营企业、青年俱乐部以及其他青年社会教育机构，学生们可以接受到很多迫切需要的财经素养教育。以社区为基础进行的财商教育，极大地弥补了学校财商教育在时空上的局限性。

（二）有关储蓄的财商教育

学会储蓄是拥有高财商的重要表现，众多成功经验表明，合理地储蓄有助于实现人生的重大财务目标，并拥有更多的选择机会，从而实现更多的人生目标。但是美国的储蓄总量和储蓄率却经常处于下降的状态。因此，教会公众进行积极储蓄，就成为社会中财商教育的重要内容，甚至是首要内容。有关储蓄的财商教育，美国主要采取了以下的措施：

1. 充分利用大众传媒的力量，转变公众的意识

通过开展全国性的公众觉醒运动，广泛发挥广播、电视、网络、报纸、杂志的作用，进行大量的、持续的、多种多样的宣传活动，宣传储蓄的重要意义。选用公众人物、事业有成的人物进行重点案例宣传，选择普通老百姓树立储蓄成功的榜样，转变公众的意识，让公众从热衷消费转变为充分认识到储蓄的积极意义。

2. 运用现有的税收激励使储蓄更加便捷

公众只要开通健康、储蓄、教育等账户并定期储蓄，则可以获得缴税方面的优惠。在税收账户和储蓄账户之间建立更便捷的转换关系和激励措施，帮助纳税人一举两得，从而更乐于积极储蓄。

3. 广泛调研，使教育内容契合受教育者的需求

在开展储蓄教育之前，项目的设计者需要进行广泛的市场调研，与受教育者进行充分的沟通，了解受教育者的期望和兴趣点，保证教育内容能满足受教育者的需求。比如农业部专门针对农民特别是偏远地区的农民开发设计了一套"未来的金融安全"课程，这套课程在内容上结合农民的实际情况进行分析，

在提供的方式上可以在家里学，所以极大地吸引了公众的参与兴趣，收到了良好的教育效果。

（三）有关购房的财商教育

房产是人一生中非常重要的固定资产投资，对于大多数人而言，跟房产相关的教育和培训很有必要，这也成为美国开展财商教育的一个重要主题。跟购房相关的财商教育主要通过以下三个渠道进行：

1. 提供接地气的基层咨询和培训项目

美国有大量地方的和基层的组织可以为购房者提供非常便利而接地气的信息咨询和培训。如"美国邻居工作"（Neighbor Works America，NWA）是一个全国性的非营利组织，由遍布全国的居民、商业领袖和政府官员组成，该组织同时享受到联邦政府的资助，该组织建立了全国最大的购房咨询者教育认证机构，为超过47万人提供了购房方面的咨询。同时，该组织在全国建立了70多个"购房中心"，为购房者提供一站式购房咨询服务。可以这么说，每个打算购房的人都能非常便利地获得该组织提供的有关房屋购买方面的各种信息。再如，遍布全国的"信用卡联盟"的咨询和培训服务也渗透到社区层面，它为首次购房者开发了一个网络培训项目，首次购房者可以在网络上进行自助式的培训。信用卡联盟还经常在社区层面举办有关购房的工作坊和沙龙，邀请专业人员为社区居民提供购房方面的培训。信用卡联盟针对数量众多的现役和退伍军人开发了购房培训项目，并到军队驻地、军人家中提供上门咨询服务。对生活在偏远地区的居民，信用卡联盟也有定制的培训服务。通过这种接地气的、面对面的、有针对性的教育方式，收到了所有的购房者都能获得充分的、专业的相关培训的效果。

2. 进行高质量的培训

提供购房咨询的人也需要具有较高的素质，需要与参与培训的人达成一种共识，即购房是一个明智的消费决策，它的意义不仅在于买到了房子，更在于实现了一种储蓄或投资，这样才能发挥培训的最佳效果。为此，美国住房与城市发展部建设了一个有关住房咨询的网站，网站按照州、区的分类进行栏目设计，每个州和地方的房产政策、发展战略等都详细地进行展示，方便所有的购房者进行相关查询。住房与城市发展部还开通了一部免费电话负责提供专业的咨询。美国邻居工作组织则制定了房产咨询和培训者的国家认证标准，以求为所有的参与者提供高质量的咨询服务。

2002 年，美国前总统小布什宣布，每年的 6 月份是"国家房产月"，号召美国民众意识到房产的重要性，并将购买房产理解为实现"美国梦"的重要一步。在这个月里，联邦政府的很多部门都会充分发挥大众传媒的作用，组织专门的宣讲活动，对购房方面的成功经验进行广泛宣传。

3. 开展广泛的社区合作，发挥社区的巨大力量

所有的培训和教育活动只有能精确地提供给有这种需求的人才能发挥最大的价值和作用。为了保证更多的人可以及时得到有针对性的培训信息，各个部门之间的广泛合作就显得非常有必要。社区是公众日常生活和接触的基层单位，美国几乎每个州和每个重要的城市，都重视在社区开展政府机构与非营利组织、私人部门与公共部门、公共部门与教会等广泛的合作形式，这样就确保了培训信息的传达效果。

（四）有关退休储蓄的财商教育

养老是一个世界性的话题，美国作为一个老年人口众多的国家，伴随着老年人口的增多以及人均寿命的延长，养老也是政府部门需要重点考虑的一个问题。面对很多人对养老以及退休之后没有特别清晰打算的现实。因此，美国联邦政府积极地采取措施，推动养老规划的开展。其中，财务上的充足或者具备一定的财务基础是实现老年人安享晚年的重要条件。有关退休储蓄的财商教育主要是从以下三个方面进行的：

1. 全面唤醒养老储蓄的意识

鉴于老年人口越来越多，而认真进行养老储蓄规划的人却非常少的情况，美国联邦政府认为应该广泛、深入、全面地唤醒所有人的退休储蓄意识，即退休储蓄不是退休以后才进行的，而是越早进行越好，最好是一参加工作就开始有计划地为退休进行储蓄。进行退休储蓄干预，对唤醒工人的退休意识和自觉进行储蓄行为有明显的效果。为此，美国的劳工部定期发布公告，分析退休储蓄存在的问题和障碍，鼓励个体进行退休储蓄。美国的社会保障部门也会随时公布国家养老法律和政策的变化，解读社会保障在个人养老中所占的比例的变化情况，号召个体积极储蓄。总之，包括政府部门、金融机构、非营利组织、社区组织、用人单位等在内的全社会都致力于唤醒每个人的退休储蓄意识。

2. 调动大公司的积极性，开展以用人单位为主体的退休储蓄活动

调动用人单位的积极性、发挥用人单位的作用是开展退休储蓄教育的有效渠道。一些私营企业积极为工人提供有关养老储蓄方面的信息，开设财商教育核心课程，举办退休储蓄工作坊，开发退休储蓄模拟软件，提供在线咨询服务工作，例如"生命计划 101：健康、智慧、聪明地为你的未来投资"就是由用人单位开发设计的一套培训内容。有的私营企业对培训时间有巧妙的安排，不占用工人的周末或者节假日等休息时间，而是在正常工作时间进行有关退休储蓄的教育，引起了工人的重视，调动了工人参与培训的积极性。联邦政府雇员众多，是一个大规模的用人单位，为此，联邦政府积极开展退休储蓄教育，成立了"退休储蓄投资委员会"，这是一个专门针对联邦政府的雇员开展工作的委员会，该委员会推出"储蓄计划"，覆盖联邦政府所有部门的所有雇员，将退休储蓄与工资匹配，强制每个雇员每个月进行储蓄。此外，该委员会还制定了退休储蓄的财商教育战略，教育雇员制定退休计划，计算退休后的资金需求，并进行提前储蓄。大型公司也特别善于与非营利组织合作，借鉴非营利组织提供的财商教育资源服务于雇员的财商教育。

3. 适合小企业的财商教育项目

除面向大企业的退休储蓄计划，劳工部也专门为小企业设计了一些财商教育项目，劳工部联合小企业界开发了一个互动网站，上面上传了针对性的内容，涉及退休储蓄的问题。另外，为了鼓励公民积极进行退休储蓄，美国也设计了一些针对退休储蓄的税收优惠项目，在这些政策的宣讲解读中都融入了财商教育的内容。

（五）有关信用卡的财商教育

信用卡的使用已经越来越普及，信用卡是个体日常接触最多的金融产品之一。而相伴随的是，很多人由于没有合理使用信用卡，过度透支以至于不能及时还款，对个人的信用记录产生了不良影响，最终导致更多的恶劣后果。因此，在金融时代，如何管理好信用卡，如何正确发挥信用卡的价值也是财商教育面临的重要课题。有关信用卡的教育美国主要从两个方面进行：

1. 帮助公众正确理解信用卡、信用卡使用报告和信用卡积分

信用卡的使用情况能够提供很多有价值的信息，因此美国出台了《信用卡报告公平法案》和《新的免费信用卡报告规则》，根据两个法案的要求，信用卡报告中心有义务为信用卡使用者和相关部门提供免费的信用卡使用报告，并且在向外提供信用卡使用报告时需征得本人的同意。联邦政府商务委员会在网站上发布了宣传册，内容包括如何准确读懂信用卡使用报告，不精确、不准确的信息如何修改等操作性问题。美国信用卡联盟举办公开的、免费的沙龙提供有关信用卡积分、信用卡使用报告中错误的识别、建立个人信用的信息。很多大型银行通过开设免费的课程，告诉公众如何在现代金融环境下更明智地实现家庭目标。

2. 为公众提供值得信赖的信用卡咨询服务

咨询服务特别是一对一的咨询服务，被认为是最有效的教育手段。并且越早接受咨询越好，而不能等到出现问题才去咨询。咨询服务提供的内容包括债

务管理、破产咨询、预算、分析信用卡使用历史、计算信用卡积分等。政府鼓励非营利的咨询中心将咨询服务开展到社区层面。法律也规定凡是进行破产登记的，在登记之前和登记之后都要接受相关的咨询和教育。广泛的咨询服务极大地帮助了更多人有机会详细了解信用卡的相关信息，推动了信用卡的理性使用。

（六）有关消费者权益的财商教育

美国作为市场经济极为发达的国家，消费者权益的保护一直被认作头等大事，因此，很多财商教育活动是从消费者的角度提出的。

1. 开展防止身份盗用的教育

教育是保护消费者的第一道防线，广泛、深入的教育活动可以有效帮助消费者识别、防范身份盗用，后者在身份被盗用后指导消费者掌握快速有效地将损失降到最低的方法和途径。联邦贸易委员会（Federal Trade Commission, FTC）发挥了积极的作用，发行《身份盗用的涵义与案例分析》《掌控：抵抗身份盗用》等书籍，综合地、全面地介绍身份盗用的案件特点，面对这种情况时消费者可以采取的措施、拥有的权利以及注意事项等。联邦贸易委员会还建立了身份盗用数据库，帮助消费者进行相关信息的识别，开通免费投诉热线等。财政部在网站发布公告：《运用技术对抗身份盗用》。美国邮政服务系统刻录教育 DVD，开展防止身份盗用的宣传、培训。每年 2 月会有一个"全国消费者保护周"，面向消费者开展各种主题教育，包括如何进行身份盗用的防范、识别等。

2. 防止商业诈骗

层出不穷的商业诈骗，对消费者的投资信心打击非常大，不利于经济的发展。联邦贸易委员会制作了商业诈骗警示教育片，将发生在美国的几起著名的诈骗案编辑成视频，通过网络、电视、报纸等多种通道广泛宣传，起到了警示的作用。将财商教育与法律宣传教育结合，往往能发挥出更佳的教育效果。

3. 针对老年人的教育

伴随老龄化社会的发展，老年人口增多，以老年人为目标的经济犯罪活动也越来越多。老年人本身是弱势群体，更加需要一些正规、专业的教育和培训。因此，很多州组织了专门面向老年人的教育培训活动。佛罗里达州成立了一个办事处，专门为老年人宣讲金融、经济方面的法律条文，办事处的工作人员都是志愿者，他们定期与老年人见面，交流相关的信息。肯塔基州成立了"识别犯罪的老年人大学"定期开课，教授老年人识别罪犯、识别新的犯罪技术手段、区分电话诈骗等，课程通常开设在老年中心或者社区中心，极大地增强了老年人的风险防范意识。

（七）纳税人权利的教育

准确识别纳税人的权利和义务，被认为是财商教育的重要内容之一。而如果没有专门的培训，很多人并不清楚自身的权利是什么，特别是对于中低收入的个体和家庭而言更是如此。因此，美国有一些部门致力于解决这个问题。佛罗里达州将纳税人权利教育推到社区的层面，通过吸引数千名志愿者的参与，在社区层面进行深入的教育活动，使受教育者明确自身的返税权利等相应的权利。联邦政府与借贷机构、教育机构经常联合起来在社区中心开设针对残疾人、老年人等特定群体税收优惠的讲座。通过有关纳税人权利的教育唤醒民众的权利意识，有助于保护自身利益。

（八）有关投资者保护的教育

由于金融市场的发达和普及，很多美国人都不同程度地进行各种投资，但事实上，很多人对投资的理解并不到位，甚至对一些基本的投资概念都没有完全了解。为此，美国进行了很多专门面向投资者的以投资为主题的财商教育活动。第一，提供投资无偏见的、中立的投资信息。美国安全与交换委员会通过官网、出版免费的教材、开发计算工具等手段帮助投资者掌握有关投资项目的信息和投资的收益、风险、成本等核心信息。商品期货交易委员会则为投资者提供有关企业的背景信息，方便投资者在投资决策之前进行比较和鉴别。北美安全委员会也通过网络提供有关诈骗的信息等。联邦法院设立投资者教育专项基金，用于开展相关教育活动。各个州的安全监管部门开发教育项目提升投资者的财商素养。还有一些社会组织专门面向非洲裔和西班牙裔美国人的投资者提供相关的信息。美国贸易委员会则开发网页，为退休人员提供有关储蓄和投资方面的信息。第二，对投资的特点进行深入教育，特别是有关费用的问题。投资有成本、风险、交易费用。很多投资者在不了解充分的情况下盲目投资，容易造成损失。为此，安全与交易委员会、劳工部等部门分别在网站开发了专门的计算工具，或者对相关的投资政策进行深度解读，以帮助投资者深入了解投资的成本。第三，防止诈骗的教育。只要在投资之前进行充分的了解，大多数投资者都可以避免上当受骗。安全与交易委员会、商品期货交易委员会开发了互动工具和防诈骗小贴士，协助投资者进行投资判断。通过以上三种教育措施，美国的投资者可以更加理性地进行投资行为。

（九）针对没有银行账户的人的财商教育

虽然美国的金融市场非常发达，但是仍然有一部分人没有银行账户，包括定期存款账户、信用卡账户等，他们游离于美国金融的主流之外，没有充分享受金融所带来的便利。造成这种状况的原因是多方面的，如收入不高、对银行等金融机构不信任、语言障碍、对金融政策不了解、对自身的金融需求不清楚等。因此，联邦存款保险公司（Federal Deposit Insurance Corporation，FDIC）、信用卡联盟与很多非营利机构等联合起来在全国范围内开展有针对性的教育活动，加深民众对金融机构和金融产品的理解。如开展了"首套房储蓄项目"，凡是参加此项目的人都可以享受到利息方面的优惠政策，同时必须参加项目所开设的培训课程。联邦存款保险公司在官网上开设"Money Smart"栏目，这是一种为中低收入家庭提供的多语种、多媒体、免费的培训项目。此外，为了更好地保证实施效果，培训活动采取了与社区服务中心合作的方式，定期到社区开展课程。

（十）有关多语言和多文化种群的财商教育

在美国，有着庞大的少数族群金融市场，他们是亚裔、非裔、西班牙裔和墨西哥移民等，人数众多却基本游离于美国金融市场的主流之外。这个群体比重不高，人口数量很大，并且有着巨大的金融潜能。因此，无论是国家财商教育战略、全国性的财商教育计划、联邦政府的各个部门还是各大银行、金融机构都积极地从三个方面为这个群体提供财商教育：第一，增进理解。由于少数人口与主流金融市场之间的障碍主要来源于语言、文化，因此联邦存款保险公司、劳工部等部门，联合银行、社区组织等开展有针对性的财商教育。定期在社区举办讲座，开设主题工作坊、针对特殊人群如西班牙裔妇女开展专门的培训项目，开设咨询热线，在官网上开设专栏等，目的在于促进少数人口对银行账户等金融市场的理解。第二，转变固有的观念。很多少数人口由于收入不高，认为拥有自己的房产是一件非常困难的事情。针对这种情况，房产中心聘请会多种语言的专业人员提供咨询服务，为少数族群树立通过努力可以拥有自己的房产的信心。房产中心也会邀请少数人口中成功的人士开展演讲和上课，因为他们的成功经验对身边的人更具有感染力和说服力。第三，提供贴心的服务。比如很多银行开设了面向墨西哥汇款的绿色通道，就是为了满足很多墨西哥移民向母国汇款的需要，绿色通道既满足了特定的服务需要，在服务的过程中也灌输了一定的金融常识。

综上所述，由于社会教育的对象特别广泛，为了达到理想的教育效果，其教育手段、教育方式等与学校教育、家庭教育有着明显的不同。可以看出，美国社会中的财商教育有以下几个特点：

第一，有一个发达的财商教育社会体系，参与实施财商教育的机构众多，在政府方面从联邦政府、州政府、地方政府、社区形成了自上而下的完整的体系，银行、保险公司、信用卡机构等金融机构，用人单位等单位积极参与，还有大量的非营利组织也发挥着不可替代的作用。政府的力量、市场的力量、社会的力量在社会教育中共同发挥积极作用。

第二，财商教育的形式灵活多样。既有定期开设的课程，也有大量的讲座、工作坊、沙龙，还有丰富的网络教育资源。尤其值得注意的是，社会教育与学校教育最大的不同就是其教育形式的灵活，不仅有在教室中进行的传统的教学方式，也有线上进行的网络教育方式，更有在服务中进行的教育，服务也是一种教育，比如银行通过提供贴心的服务，获得大家的信任，让顾客在享受服务中接受了现代金融的理念等，也是一种非常行之有效的教育方式。再比如，为了提高公众的储蓄意识，在特定的储蓄账户中进行税收优惠，这种激励措施发挥了极佳的效果。

第三，财商教育内容实用，贴近生活。社会中所进行的财商教育，其内容主要是围绕储蓄、养老、购房、保险、教育、银行账户等每个人生活中必须要解决的问题展开的，实用性强，对个体具有极强的吸引力。特别是一些个性化的定制内容，如针对西班牙裔妇女、太平洋岛国居民等某一特定群体实施的教育项目，其内容更具针对性和适切性，受到了广泛的欢迎。

第四，教育机制以引导为主。社会教育不是强制性的、义务性的，社会教育更多依赖的是公众的自愿参与和自觉性，因此在实施教育的过程中较少使用规制、约束的手段，而更偏向于通过广泛的宣传、引导的方式唤醒民众的意识，进而自觉采取提升财商的行为。

参考文献

一、中文参考文献

著作：

［1］［英］肯·布莱克默．社会政策导论［M］．王宏亮，等译．北京：中国人民大学出版社，2009.

［2］霍力岩．学前比较教育学［M］．北京：北京师范大学出版社，1995.

学位论文：

［1］李静雅．美国密苏里州"父母即教师"家庭教育指导项目研究［D］．辽宁师范大学硕士学位论文，2021.

［2］李真．美国中小学理财教育及课程研究［D］．华东师范大学硕士学位论文，2008.

［3］刘洋．小学教科书中的理财内容研究［D］．聊城大学硕士学位论文，2014.

［4］袁淑英．美国家庭教育指导师研究［D］．河南大学硕士学位论文，2009.

［5］庄佳卉．小学财商教育的实践探索——以常州市 X 小学为例［D］．扬州大学硕士学位论文，2021.

［6］王威．美国高校在线教育发展研究——以耶鲁大学为例［D］．辽宁师范大学硕士学位论文，2016.

文章：

［1］白光昭．我国财富管理发展的总体框架研究——基于青岛财富管理金融综合改革试验区的经验［J］．山东工商学院学报，2019（2）：3-16.

［2］陈勇，季夏莹，郑欢．国外青少年财商教育研究梳要及其启示［J］．国外中小学教育，2015（2）：24-28，65.

［3］陈坤．美国加强大学生理财教育［J］．世界教育信息，2014（9）：75.

［4］董筱婷．美国财经素养教育上升为国家战略［J］．上海教育，2014（6）：36-40.

［5］封梦媛．英美青少年财商教育现状对我国教育的启示［J］．江西广播电视大学学报，2018（1）：64-71.

［6］顾娟．大学生财商现状及对策研究［J］．兰州教育学院学报，2017（11）：88-89，163.

［7］邓晖等．大学生该补补财商教育课了［N］．光明日报，2018-07-03（8）.

［8］高佳．美国中小学理财教育的四个发展阶段［J］．外国教育研究，2008（7）：34-36.

［9］蒋光祥．投资者教育从娃娃抓起，才不会当"韭菜"［EB/OL］．ht-tp：//www.thepaper.cn/newsDetail_forward_3157114，2019-03-19.

［10］李静雅．美国家庭教育的创建、实施及启示——以 PAT 项目为例［J］．教育观察，2019（33）：140-141，144.

［11］李先军，于文汇．美国构建理财教育体系的经验与启示［J］．世界教育信息，2018（16）：6-13.

［12］梁向东，乔洪武．关于我国大学生财商水平的调查与思考——基于对一所理工大学学生的抽样调查［J］．教育研究与实验，2014（4）：59-63.

［13］潘懋元，周群英．从高校分类的视角看应用型本科课程建设［J］．中国大学教学，2009（3）：4-7.

［14］孙铃，辛自强．中国公民财经知识测验编制［J］．心理技术与应用，2002，8（12）：718-725.

［15］王春春．国内外财经素养教育政策概述［J］．全球教育展望，2017（6）：35-43.

［16］吴浩．论德育教学中的学生理财观念的培养［J］．科技信息，2007（8）．

［17］辛自强．当前财经价值观变迁中的隐忧［J］．人民论坛，2020（26）：92-94.

［18］辛自强，张红川，孙铃，于泳红，辛志勇．中国公民财经素养测验编制的总体报告［J］．心理技术与应用，2018，6（8）：449-458.

［19］杨同毅，葛喜艳．动力与形式：美国高校实施财商教育的经验研究［J］．教育科学探索，2022（1）：90-96.

［20］原长弘．美国中学经济学教育及其对我们的启示［J］．比较教育研究，1998（5）：54-57.

［21］甄丹蕾．财经素养及其影响因素：基于国外实证研究的综述［J］．世界教育信息，2019（16）：53-60.

二、外文参考文献

［1］Amromin, G., BenDavid, I., Agarwal, S., Chomsismengphet, S.,

Evanoff, D. Financial Literacy and the Effectiveness of Financial Education and Counseling: A Review of the literature ［EB/OL］. http://www. chicagofed. org/ digital_ assets/oters/in_ focus/foreclosure_ resource_ center/more_ financial_ literacy. pdf, 2010.

［2］ Aisa Amagir, Wim Groot, Henriette Maassen van den Brink, Arie Wilschut. A Review of Financial-literacy Education Program for Children and Adolescents ［J］. Citizenship, Social and Economics Education, 2018（17）: 56-80.

［3］ B. Douglas Bernheim. Taxation and Saving: A Behavioral Perspective ［R］. 1996 Proceedings of the Eighty-ninth Annual Conference on Taxation, National Tax Association, Washingtong, DC, 1997: 28-36.

［4］ B. Douglas Bernheim, Danniel M. Garrett. The Effects of Financial Education in the Workplace: Evidence from a Survey of Households ［J］. Journal of Public Economics, 2003, 87（7-8）: 8.

［5］ B. Douglas Bernheim, Danniel M. Garrett, Dean Maki. Education and Saving: The Long-Term Effects of High School Financial Curriculum Mandates ［J］. Journal of Public Economics, 2001, 80（3）: 6.

［6］ CFED and opportunity Texas for the U. S. Department of the Treasury: Lessons from the Field: Connectin School-Based Financial Education and Account Access in Amarillo, TX ［EB/OL］. www. NEFE. org.

［7］ CFPB. Financial Literacy Annual Report 3（July 2014）［EB/OL］. http://files. consumerfinance. gov/f/201407_ cfpb_ report_ financial-literacy-annual-report. pdf.

［8］ Cude, B., Lyons, A., The American Council on Consumer Interests Consumer Education Commmittee. Get financially fit: A financial education toolkit for college campuses ［R］. Columbus, Mo: Amierican Council on Consumer

Inerests，2006b.

　　［9］ Debby Lindsey-Taliefero. Gender Differences：Mortgage Credit Experience ［J］. Modern Economy，2015（6）：977-989.

　　［10］ Dimitris Chrestlis，Dimitris Georgarakos. Stockholding：Participation，Location， and Spillovers ［EB/OL］. https：//madoc. bib. uni - mannheim. de/3032/1/meadpb_208_10. pdf.

　　［11］ Fernandes， Daniel. Lynch， John. G. Netemeyer， Richard. G. ， Financial Literacy. Financial Education and Downstream Financial Behaviors （full paper and web appendix） ［R］. Forthcoming in Management Science， Available at SS-RN，2014.

　　［12］ Financial Well-being：The Goal of Financial Education ［EB/OL］. https：//files. consumerfinance. gov/f/201501 _ cfpb _ report _ financial - well - being. pdf.

　　［13］ Further Literacy Needed to Ensure an Effective National Strategy ［R］. Washington：Financial Literacy and Education Commission，2006.

　　［14］ Hogarthjm. Financial Literacy and Family and Consumer Sciences ［J］. Journal of Family and Consumer Sciences：From Research to Practice，2002，94（1）：14-28.

　　［15］ Hung， Angela Parker， Andrew， M. ， Yoong， Joanne， Defining and Measuring Financial Literacy ［R］. RAND Working Paper Series WR-708， Available at SSRN，2019.

　　［16］ Lyons， A. C. ， Hunt， J. L. The Credit Practices and Financial Education Needs of Community College Students ［J］. Proceedings of the Association for Financila Counseling and Planning Education，2003，14（1）：63-74.

　　［17］ K. T. Yamauchi， D. J. Templer. The Development of a Money Attitude

Scale [J] . Journal of Personality Assessment, 1982, 46 (5): 522-528.

[18] Lusardi, Annamaria, Olivia S. Mitchell. Planning and Financial Literacy: How Do Women Fare? [J] . American Economic Review, 2008, 98 (2): 413-417.

[19] Organization for Economic Co-operation and Development Improving Financial Literacy: Analysis of Issues and Policies [M] . Paris, France: Organization for r Economic Co-operation and Development, 2005.

[20] Orn Bodvarsson, Rosemary L. Walker. Do Parental Cash Transfers Weaken Performance in College? [J] . Economics of Education Review, 2004, 23 (5): 483-496.

[21] Parks-Yancy, R. , Di Tomaso, N. , Post, C. The Mitigating Effects of Social and Financial Capital Resources on Hardships [J] . Journal of Family and Economic Issues, 2007, 28: 429-448.

[22] Prochaska, James, O. , Carlos C. DiClemente, John C. Norcross. In Search of How People Change: Applications to Addictive Behaviors [J] . American Psychologist, 1992, 47 (9): 1102-1114.

[23] Urban Carly et al. The Effects of High School Personal Financial Education Policies on Financial Behavior [J] . Economics of Eduction Review, 2018 (3): 6.

[24] Steven T. Mnuchin, Jovita Carranza. Federal Financial Literacy Reform Coordinating and Improving Financial Literacy Efforts [EB/OL] . https: // files. eric. ed. gov/fulltext/ED611168. pdf, 2019.

[25] Sandra J. Huston. Measuring Financial Literacy [J] . The Journal of Consumer Affairs, 2010 (6) .

[26] Tabea Bucher-Koenen, Annamaria Lusardi, Rob Alessie, Maarten van

Rooij. How Financially Literate Are Women? An Overview and New Insights [J]. The Journal of Consumer Affairs, 2016, 51 (2): 255-283.

[27] Thomas A. Lucey, Kthleen S. Cooter. Financial Literacy for Children and Youth [M]. Peter Lang Inc., International Academic Publishers, 2018.

[28] Troy Adams, Monique Moore. High-Risk Health and Credit Behavior Among 18 - to 25 - Year - Old College Students [J]. Journal of American College Health, 2007, 56 (2): 101-108.

[29] Tabea Bucher-Koenen, Annamaria Lusardi, Rob Alessie, Maarten van Rooij. How Financially Literate Are Women? An Overview and New Insights [J]. The Journal of Consumer Affairs, 2016 (8).

[30] Urban Carly, Maximilian Schmeiser, J. Michael Collins, Alexandra Brown. State Financial Education Mandates: It's All in the Implementation, FINRA Foundation [EB/OL]. http: //www. finra. org/sites/default/files/investoreducat-infoundation. pdf, 2015.

[31] U. S. Department of Education, National Center for Education Statistics [M]. Beginning postsecondary students longitudinal study. Washington, D. C, 2001.

[32] Venti, S. and D. Wise. Choise, Chance and Wealth Dispersion at Retirement [M] // T. Tachbanaki, and D. A. Wise In Aging Issues in the United States and Japan. S. Ogura. Chicago: University of Chicago Press: 2001.

[33] Wiedrich, Kasey, J. Michael Collins, Laura Rosen, and Ida Rademacher [R]. Financial Education and Account Pilot, 2014.

[34] Xiao, J. J., Tang, C., Shim, S. Acting for Happiness: Financial Behavior and Life Satisfaction of College Students [J]. Social Indicators Research, 2009 (92): 53-68.

附　录

附录1　财商国家标准

2021年，美国经济学教育委员会和Jump $tart联盟联合发布了最新版本的《财商国家标准》，标准从收入、支出、储蓄、投资、信贷管理和风险管理六个维度进行设立。每个维度又分为"知道"和"做到"两个层次。

一、收入

四年级的标准

学生应该知道	学生应用这些知识做到
1. 人们有不同的工作选择，这取决于他们的知识、技能、兴趣和经验	1-1 列出不同类型的工作清单 1-2 讨论每一种工作所需的知识、技能、兴趣和经验
2. 通过获得新的知识、技能和经验人们可以提高赚钱能力	2-1 举例说明一个人的知识、技能和经验是如何影响他们的赚钱能力的 2-2 头脑风暴举例说明提高赚钱能力的办法
3. 职员通过工资、薪水、佣金、保值债券等不同形式获得劳动报酬	3-1 解释为什么雇主要为员工支付报酬 3-2 比较工资、薪水、佣金、保值债券之间的区别 3-3 比较服务员、教师、房地产经纪人收入的区别

学生应该知道	学生应用这些知识做到
4. 人们可以通过创业或者拥有一家公司获得收入	4-1 列举感兴趣的、计划创办的公司 4-2 列举几个知名的创业者及他们的公司名称，并猜测他们成功或失败的原因 4-3 估算一个由小孩子拥有的公司可以赚多少钱（例如修理草坪或者柠檬汁小摊位）
5. 人们可以通过借钱给他人或出租房产物品等获得收入	5-1 举例说明人们可以通过借钱给他人或者出租房产、物品等获得收入 5-2 举例说明可以用来出租的财物（例如公寓、车或者工具等）
6. 收入也可以通过馈赠或者不需要额外的工作就能获得津贴的方式获得	6-1 解释把钱作为礼物送给别人的理由 6-2 从正反两方面讨论一下家长每周给孩子零用钱
7. 大多数的收入是收税的用来支付政府提供的货品或服务	7-1 举例说明政府用税收支付的货品或服务 7-2 解释为什么公民要为消防、公安、公共图书馆以及学校做出贡献

八年级的标准

学生应该知道	学生应用这些知识做到
1. 职业生涯是指一个人在同一个岗位或职位上持续多年的经历，不同的职业要求不同的教育和培训水平	1-1 讨论一下在同一个岗位或同一个职位上工作多年的利与弊 1-2 比较至少两种工作所要求的教育和培训经历 1-3 采访一个从事自己感兴趣工作的人，并且他的工作显示出随着教育、培训和工作经验的积累而不断获得工作上的进步
2. 人们终其一生都在就影响收入和工作机会的教育水平、工作、事业做出许多决定	2-1 比较至少两种高中生可获得的工作的教育与培训要求、收入前景以及主要的职责 2-2 对一个具体的职业进行研究，描述在这个领域，个人一生中可能做出的关于教育、工作及职业生涯的决定，并解释这些决定是如何影响他们的收入和工作机会的 2-3 评估一个人的技能和兴趣并将他们不普通的工作进行匹配
3. 获得更多的教育以及学习新的工作技能能够提高人的人力资本、生产力以及提高收入的潜力	3-1 调查在高中可以获得的提高收入能力的培训机会 3-2 解释为什么大学毕业的成年人比高中毕业的成年人收入高 3-3 讨论技能培训是如何提高一个年轻人的人力资本、生产力和收入潜力的 3-4 对不同工作的工资和薪酬数据进行统计并解释他们如何随着教育水平、工作技能以及经验的差异发生变化
4. 教育、培训和工作技能的发展是需要时间、努力和金钱方面的机会成本的	4-1 讨论参加一次培训课程如照顾婴儿、救援、急救等需要的机会成本 4-2 比较大学教育的成本与参加工作带来的收入之间的差别 4-3 解释为什么家长愿意为孩子们的教育与培训支付费用

续表

学生应该知道	学生应用这些知识做到
5. 净收入是指工资或者薪酬中扣税和其他工资扣除之后的数量	5-1 比较毛收入和净收入 5-2 明确常见的工资扣除 5-3 解释为什么税收影响净收入
6. 社会保险是一项联邦项目，由工人和用人单位支付，由退休、残疾或者灾难幸存者的工人或其家属享用	6-1 比较可以享受社保的不同人群 6-2 比较自己创业的人和给别人工作的人交社保税率的区别 6-3 给出一个工人的收入和社保税率的信息，计算这个工人和他的老板应该缴纳的社保数额 6-4 调查不同收入水平的人退休之后可以得到的社保数额
7. 大多数收入都需要交税比如工资、薪酬、津贴、投资收入、创业收入等	7-1 分析收入水平和收入税之间的关系 7-2 解释小费是如何交税的 7-3 研究一下不交收入税的后果
8. 政府为低收入或者其他群体支付补助	8-1 解释医疗补助计划和营养补充援助计划的财务状况 8-2 举例说明可以接受政府收入补贴的个人情况
9. 创业的人通过为自己工作获得满足感，并且可以获得额外的收入，据此来补偿他们的创业风险	9-1 调查创业的动机 9-2 讨论为什么创业比就业风险高 9-3 调查创业失败的原因

十二年级的标准

学生应该知道	学生应用这些知识做到
1. 工作可以获得的回报包括：工资、薪酬、佣金、小费、奖金以及健康保险、退休储蓄计划、教育偿付项目等	1-1 研究不同的公司、政府机构或者非营利组织可以为新入职的人提供的潜在的收入或福利 1-2 解释为什么在选择工作的时候还要考虑工资之外的福利 1-3 比较普遍性的员工福利与贡献性的员工福利之间的区别 1-4 明确公司参与的退休储蓄计划和健康储蓄计划福利之间的差别
2. 除了工资和可支付的福利之外，员工还可以评价一些无形（非现金）的福利，如好的工作环境、弹性的工作时间、远程办公的权利、职业上升潜力	2-1 举例说明无形的工作福利 2-2 描述无形的福利如何影响工作选择和收入 2-3 当在收入和非收入因素中进行选择时应如何权衡
3. 当需要为当下的教育和培训支付换来未来收入提高的可能时，人们的机遇和意愿是不一样的	3-1 评估投资教育和培训的投入和收益 3-2 解释人们的生活经验是如何影响他们接受进一步教育或培训的机会或意愿的 3-3 比较教育和培训水平不同与收入以及失业率之间的关系

续表

学生应该知道	学生应用这些知识做到
4. 用人单位通常为教育背景更高、更有技术的人支付更高的工资	4-1 列举几种在受教育水平和技能方面要求不同档次的工作 4-2 解释为什么不同工作的人工资不一样，为什么同一种工作的人工资也不一样 4-3 讨论可能存在的种族和性别方面的工资差别
5. 经济状况、技术以及劳动力市场等的改变都可以导致收入、职业机会和雇佣状况的改变	5-1 讨论经济与劳动力市场如何影响收入、职业机会和雇佣状况 5-2 评估技术进步是如何影响雇佣和收入的 5-3 讨论经济下行对不同人群的影响，如教育经历、工作类型、性别、信仰等
6. 联邦、州和地方政府的税收用在了政府提供的货品和服务商。最主要的税是收入税、薪金税、财产税以及营业税	6-1 当给出一个人的收入和消费数据时能计算出此人应缴的税 6-2 明确各级政府收缴收入税、财产税以及营业税的标准 6-3 描述政府通过收税他们获得的或者可能获得的好处
7. 人们交税的种类和数量取决于他们收入的渠道、收入的数量以及消费的数量和类型	7-1 调查联邦政府和州政府对不同来源收入的税率区别 7-2 比较不同货品的营业税率的区别，以及货品在本州与在线销售税率之间的区别 7-3 比较毛收入、净收入、应税收入 7-4 解释为什么不同的收入要填不同的表格（比如 IRS 表 W-2 以及 IRS 表 1099），并且对税收的影响是什么
8. 利息、股息、资本增值属于非劳动收入。资本受益的税率与劳动收入的税率不同	8-1 解释劳动收入与非劳动收入的区别 8-2 比较劳动收入、利息与资本收入税率的差别
9. 税收减免和税收抵免有助于降低收入税	9-1 能填写交税表 9-2 税收抵免和税收减免之间的区别 9-3 举例税收抵免，并判断他们是否是可退还的，以及什么人从中最受益
10. 退休收入来源于多个渠道，包括持续的工作收入、社会保险、用人单位缴纳的退休计划以及个人投资	10-1 明确不同类型的退休收入来源 10-2 描述拥有综合性退休收入来源的重要性，如社会保险、用人单位缴纳的退休计划以及个人投资等 10-3 解释参与用人单位交纳的退休计划的重要性，以及他是如何实现最佳缴费匹配的 10-4 计算社会保险平均为每位退休人员支付的费用
11. 拥有一家小企业可以是一个人主要的工作，也可以是多项收入中的一种	11-1 评价临时工作的收益和成本，比如开出租车或者送快递 11-2 讨论以小企业为主要收入的利与弊

二、支出

四年级的标准

学生应该知道	学生应用这些知识做到
1. 每个人在购买商品或者服务时候的喜好、渠道都是不同的	1-1 举例说明偏好是如何影响人们的购买的 1-2 头脑风暴个人购买物品的目标 1-3 在资源有限的情况下，应该优先购买什么
2. 钱可以用来提高自己或他人的满意度，也可以用来分担物品或服务的成本	2-1 描述社区中将服务能提供给每个人的方式 2-2 分析人们花钱时价值和态度的不同 2-3 确定你用来提高个人满意度的花钱方式
3. 当人们决定买某种东西的时候他们也在承担机会成本，因为这些钱不能用来买其他的东西	3-1 界定机会成本 3-2 举例说明什么样的决策有机会成本
4. 对不同人而言购物决策的利与弊是不一样的	4-1 对比不同的人购买某种物品之后的收益和成本（例如年龄、收入）
5. 价格、其他的选择、同辈的压力、广告对购买决定都有影响。	5-1 解释为什么同辈压力可以影响购买选择 5-2 举例说明价格、其他选项、同辈压力、广告是如何影响购买决定的 5-3 明确当对比货物的时候可靠的信息渠道有哪些
6. 付款的方式包括：现金、支票、记账卡和信用卡	6-1 解释现金、支票、记账卡和信用卡的相似之处 6-2 对比记账卡和信用卡的使用效果

八年级的标准

学生应该知道	学生应用这些知识做到
1. 做一份预算可以帮助人们在花费、储蓄以及金钱管理的时候进行更充分的决策，从而实现财务目标	1-1 明确自己在花费和储蓄方面的目标 1-2 做一份固定收入下的包括花费和储蓄在内的预算 1-3 解释为什么有同样收入的人在花销、储蓄和金钱管理方面的选择不一样 1-4 讨论最低收入的人群在预算时遇到的挑战
2. 一份可靠的购买决策要求消费者从不同渠道对价格、产品声明以及质量信息进行对比	2-1 选择一款产品并从生产商网站、零售网站和消费者点评网站上收集相关信息 2-2 解释购买决策时最有用的信息类型 2-3 明确网上和印刷的虚假、误导的产品信息 2-4 讨论如何区分适龄的产品广告中的信息
3. 当评估产品或者服务的信息时，消费者可以通过分析信息提供者的奖励来判断其质量与是否有用	3-1 评估可靠和透明信息渠道的信息 3-2 评估网上和印刷的产品信息的优点和缺点 3-3 筛选由于信息提供者激励冲突而导致的无效信息

学生应该知道	学生应用这些知识做到
4. 消费者通过对比不同支付方式的成本与收益来选择最好的购买方式	4-1 解释记账卡和信用卡的区别 4-2 解释各种支付方式是如何运用于购物的 4-3 总结各种支付方式的利、弊、风险与保护策略 4-4 当购买三种以上的货品或服务时,选择并判断最喜欢的支付方式

十二年级的标准

学生应该知道	学生应用这些知识做到
1. 通过将收入分配到必须的花费、储蓄和慈善事业等方式,预算可以帮助人们实现财务目标	1-1 明确短期和长期财务目标 1-2 制定一份预算将现有的收入分配到必须的和想要的消费上,包括固定的和可变的花费 1-3 解释制定预算时如何处理无法预料的花费和紧急情况 1-4 评价预算工具的好处如电子表格、APP
2. 消费者的决策受货品或服务的价格,其他选项的价格,消费者的预算与喜好,对环境、社会和经济可能的影响等因素影响	2-1 选择一个货品或者服务,描述各种可能影响消费者决定的因素 2-2 描述做可靠决策的过程 2-3 分析最近一次消费者决策对环境、社会和经济的积极和消极影响
3. 当购买一个长期使用的货物时,消费者考虑产品的持久性、维修费用等各种产品特点	3-1 解释购买长期使用物品时需要考虑的因素 3-2 分析三种竞争性物品或服务的成本和特点 3-3 分析建立在对社会和环境影响基础上的产品选择
4. 消费者会受到广告中价格、价格是否规定是否可以谈判等影响	4-1 列出零售商给价格打广告的方式 4-2 解释通货膨胀如何影响购买决策和产品价格 4-3 总结谈判如何影响消费者决策和产品价格
5. 当搜索购买物品或服务的信息时,消费者要承担成本或者享受利益	5-1 解释购买前的研究是如何帮助消费者避免冲动消费的 5-2 头脑风暴讨论为了做购买决策时可以采用的调查方法和渠道 5-3 分析大众媒体和广告技术是如何鼓励消费的
6. 购房决定受到个人的喜好、环境和成本的影响,同时可以影响个人的满意度以及财经幸福情况	6-1 分析年轻人更愿意租房而不是买房的个人原因和财经原因 6-2 对比自己所在城市租房和买房的长期成本与收益 6-3 界定租房合同的术语,包括租期、押金、宽限期、搬迁通知等
7. 人们为慈善或者非营利组织捐钱、捐物或者时间,因为他们认为由这些组织提供的服务在给予中获得满足	7-1 讨论捐赠钱、物、时间的动机与收益 7-2 列出一张慈善机构的名单,并分析大家愿意向这些组织捐赠的原因 7-3 明确当调查慈善或者非营利机构时应该采取的步骤

续表

学生应该知道	学生应用这些知识做到
8. 联邦和州的法律、法规以及消费者保护机构（如联邦贸易委员会、消费者事务局、消费者金融保护局）帮助公民避免不合格的产品、不公平的交易以及市场欺诈等	8-1 描述政府机构在保护消费者免受欺骗方面的角色和义务 8-2 明确州与联邦消费者保护法律建立的基础以及他们能够提供的保障措施 8-3 调查常见的消费者诈骗、不公平、欺骗案件的类型，包括网络诈骗、电话诈骗和经济歧视
9. 对自己的花销、储蓄和投资有一个系统的记录，方便自己做财务决策	9-1 解释为什么系统的记录有助于进行财经决策 9-2 开发一个记录花销、储蓄和投资的系统 9-3 研究财经记录的技术手段

三、储蓄

四年级的标准

学生应该知道	学生应用这些知识做到
1. 当人们存钱的时候，他们选择了不花今天的钱，为了将来有钱可用	1-1 解释为什么存钱比花钱难 1-2 选择是当下花钱买东西还是留到将来用，并解释做出决定的原因 1-3 找到一则让人花钱而不是让人存钱的广告（报纸、杂志、电视、社交媒体、网络）
2. 储蓄计划是为了实现未来的目标、满足未来的需要或者应付未来可能出现的紧急情况而制定的计划	2-1 制定一个未来购物目标的储蓄计划 2-2 举出一个例子用来说明存钱应对紧急情况的重要性 2-3 描述节约开销的方法以便有更多的钱用于储蓄
3. 关于储蓄，每个人的态度和价值观都不一样	3-1 讨论人们的生活环境和经验是如何导致储蓄态度、价值观和储蓄能力的不同的 3-2 解释为什么一个人的朋友和家庭可以影响其储蓄态度和价值观
4. 当决定把钱放在哪里的时候安全和容易是很重要的	4-1 描述将钱存在金融机构的账户比放在家里的优势 4-2 明确可以放钱的安全的地方
5. 金融机构通常会用支付利息的方式吸引大家去存钱	5-1 解释为什么银行、信用卡公司等金融机构会向储户支付利息 5-2 比较不同金融机构利率的区别

八年级的标准

学生应该知道	学生应用这些知识做到
1. 人们为了很多目标而存钱，包括大宗商品的购买，如汽车、房子、学费、退休和紧急情况	1-1 确定人们存钱的常规原因 1-2 制定可以实现未来 1 年、5 年、10 年大宗商品购买的储蓄计划

续表

学生应该知道	学生应用这些知识做到
2. 储蓄决定依赖于个体的喜好、环境，可以影响个体的满意度和财经幸福	2-1 比较每个人与其朋友及亲戚间储蓄态度的不同 2-2 解释为什么一个人的人格对他的储蓄意愿和储蓄的坚持性有影响 2-3 生活状态对人的储蓄意愿和储蓄的坚持性有影响 2-4 讨论储蓄决策是如何影响财经幸福的
3. 金融机构为储户支付利息，向借贷者收利息	3-1 对比金融机构的产品和服务 3-2 对比同一家金融机构存钱和借钱利息的差别 3-3 解释金融机构是如何赚钱支付储户利息的
4. 储蓄的利息包括本金和之前生成的利息两部分利息	4-1 区别本金和利息 4-2 解释为什么高利息能帮助人们更快地实现财务目标 4-3 运用72条例计算多少年能通过利息实现本金翻倍
5. 复利是指本金和利息共同计算出来的利息，单利是本金的利息	5-1 解释复利比单利的优势 5-2 解释当本金和利息都不取出来时一年的利息是如何增长的
6. 联邦政府对很多金融机构的支票和储蓄账户有一定的限制	6-1 解释联邦存款保险的重要性 6-2 对比联邦存款保险公司（FDIC）与国家信用卡联盟管理局（NCIA）在储蓄和支票账户方面的限制条件的差异 6-3 列举没有储蓄保险的账户类型

十二年级的标准

学生应该知道	学生应用这些知识做到
1. 金融机构提供几种类型的储蓄账户，包括常规账户、基金账户、存单，每种账户的起存数额、利率和储蓄保险都有所不同	1-1 对比常规账户、基金账户和存单的特点 1-2 解释为什么存单的利率比常规账户以及由利息的支票账户的要高
2. 储蓄存款的利率和费用在不同的金融机构中有所不同，并根据市场情况以及竞争情况而有所改变	2-1 通过对比不同金融机构的利率和费用选择一个满意的机构开户 2-2 解释为什么当向银行借贷的人增多的时候，储蓄的利息会涨 2-3 讨论什么样的基金账户会导致金融机构中储蓄利息的降低
3. 除非是由被保险的金融机构提供的，否则移动账户和加密数字货币账户都不享受联邦的保险，且通常没有利息	3-1 研究移动支付账户的种类 3-2 对比移动支付账户、加密数字货币账户、支票/储蓄账户之间的区别 3-3 解释为什么将钱存进移动储蓄账户有可能降低储蓄的能力

续表

学生应该知道	学生应用这些知识做到
4. 通货膨胀会降低储蓄的价值如果利率低于通货膨胀率的话	4-1 解释为什么当通货膨胀比较高的时候储户名义上的利率也高 4-2 解释为什么当名义上的储蓄利率低于通货膨胀率的时候通货膨胀会影响储蓄的购买力 4-3 调查联邦政府是如何帮助储户降低通货膨胀的影响的
5. 政府机构中，如美联储、联邦存款保险公司（FDIC）与国家信用卡联盟管理局（NCIA）以及他们在州政府中的对口部门负责监督与规范金融机构以确保他们的偿付能力、遵纪守法，以及保护消费者的权利	5-1 调查金融机构中需要联邦/州政府规制的业务 5-2 明确州政府负责的金融机构 5-3 解释金融机构偿还能力的重要性
6. 税收政策允许将税前收入储蓄或者通过减少或者降低税收的方式激励人们储蓄	6-1 解释传统的 IRAs（个人退休账户）、Roth IRAs 以及教育储蓄账户提供的储蓄激励措施 6-2 比较传统的与 Roth 个人退休账户的区别 6-3 对比不同的教育储蓄账户的税收优惠政策
7. 雇佣者提供的退休账户和健康储蓄账户有助于激励员工储蓄	7-1 解释雇佣者如何通过匹配的方式鼓励雇工参与退休计划 7-2 对比员工参与退休计划与不参与退休计划的影响，并解释为什么是不一样的 7-3 描述参与雇佣者退休计划与不参与的利弊 7-4 解释将钱存入高免赔的健康账户的好处
8. 有同伴或者配偶的人在组合财务前通过分享财务信息、财务目标和财务价值观的方式可以降低未来的财政风险	8-1 评估在组合财政之前与伙伴分享财务目标和个人财务信息的价值 8-2 讨论一个人的财务决策是如何影响其他人的
9. 有很多种方法可以帮助人们克服储蓄的心理、情绪等个人原因和外部障碍，如自动储蓄计划、雇佣者匹配等	9-1 解释为什么外部因素（如同辈、家庭、大众媒体）可以影响一个人的储蓄决定 9-2 明确可以解决储蓄的心理和情绪障碍的策略 9-3 讨论可以避免个人原因导致的不参加储蓄计划的策略 9-4 解释为什么储蓄策略"自己支付"可以帮助人们实现储蓄目标

四、投资

四年级的标准

学生应该知道	学生应用这些知识做到
1. 人们把钱用来投资，这样，钱可以一直增长，有助于实现个人的长期财务目标	1-1 解释为什么人们要把钱用来投资 1-2 确定那些多年来有规律地进行投资的人更容易实现长期财务目标

续表

学生应该知道	学生应用这些知识做到
2. 低利息的储蓄账务通常被用来实现短期财务目标以及应急基金，因为他们的风险较低。当追求实现长期财务目标的时候，人们通常进行一些更冒险的投资以获得更高的回报	2-1 明确储蓄与投资之间的相似性与不同 2-2 举例说明适合储蓄或者投资来实现的财务目标

八年级的标准

学生应该知道	学生应用这些知识做到
1. 金融资产方面的投资者都希望随着时间的增长可以获得有规律的收入，比如利息或者股息	1-1 列出将钱投入金融理财可能的收益 1-2 解释为什么人们宁可投资到增长较快的资本市场，而不选择相对稳定的收入
2. 常见的金融理财包括：固定存款、股票、债券、互惠基金以及不动产	2-1 明确金融理财的类型 2-2 知道如何了解当下股票、债券以及互惠基金的价钱 2-3 讨论为什么有的金融理财不能迅速出售（例如，股票交易与变现）
3. 购买公司或者政府债券的投资者是把钱借给了这些机构以换取稳定的利息	3-1 对比公司和政府的债券 3-2 计算一款公司债券一年的利息收入
4. 购买公司股票的投资者成为公司的共同拥有者，并从公司可能的收益增长中获得股息收益	4-1 选择一款股票确定上一年的股息并计算经过一年其股价的变化 4-2 解释投资到公司股票的潜在风险和回报
5. 除了可以购买单独的股票和债券，投资者还可以购买联合投资，例如互惠基金、交易型开放式指数基金（ETFs）	5-1 解释投资的多样化 5-2 讨论购买单一的股票与多样化股票各自的利弊
6. 不同类型的投资意味着不同程度的风险	6-1 对比不同风险程度投资的回报的区别 6-2 确定适合不能承受任何金融风险的投资
7. 进行长期投资的人复利计算的收益最大	7-1 解释复利 7-2 计算在固定时间固定回报率的情况下某款当下投资的未来总价值 7-3 计算在固定时间固定回报率的情况下规律性年投资的未来总价值 7-4 对比一个人从 30 岁开始规律投资和从 40 岁开始规律投资在财富积累方面的差别

十二年级的标准

学生应该知道	学生应用这些知识做到
1. 一个人的投资风险承受能力依赖于性格、金融资源、投资经验以及生活环境	1-1 举例说明能影响一个人风险承受能力的因素 1-2 讨论一个人的风险承受能力是如何影响他的投资决策的 1-3 用网络工具或表格评估自己的风险承受能力
2. 投资者通过价格的变化与年度现金流获得投资回报（如利息、股息、租金）。每年的回报率是指总收益占最初价格的百分比	2-1 描述投资者可以收到的现金流类型 2-2 对比不同投资的年度回报率的区别，包括现金和价格变化 2-3 解释为什么不产生收益的或者经常有较大价格变动（如收藏品、贵重金属、加密数字货币等）被称作是投机
3. 当进行高风险的投资时，投资者期待更高的回报率	3-1 讨论高风险投资的利与弊 3-2 调查长期投资于小公司股票、大公司股票、企业债券、国库债券的回报率 3-3 解释为什么价值型股票与互惠基金的期望回报率低于成长型股票与互惠基金 3-4 解释为什么长期债券的回报高于短期
4. 由于通货膨胀会降低购买力，因此，实际上的回报要低于名义上的回报	4-1 描述通货膨胀对价格的长期影响 4-2 解释名义上的回报与实际上的回报的关系 4-3 找到一家银行大额存单的利率，并计算通货膨胀之后的利率
5. 金融资产的价格随着市场情况、利率、公司业绩、新的信息和投资者需求的变化而变化	5-1 讨论影响金融资产价格的因素 5-2 预测如果发布了关于公司或者其产品的信息，其股票价格会发生什么变化 5-3 讨论为什么由经济下行导致的失业会影响到金融资产的价格 5-4 解释为什么有些资产如债券以及不动产的价格会在利率下降的时候升高
6. 当进行多元化投资和资产配置的时候，投资者考虑他们的风险承受能力、目标以及投资期	6-1 对比短期目标和长期目标后，推荐主要资产类别的配置 6-2 讨论投资于多元化的复式基金与小部分的个人股各自的利弊 6-3 为一个不能承担风险的人和一个非常能承担风险的人做一个合适的资产配置建议 6-4 解释如何通过目标退休基金的重新配置实现投资目标
7. 投资中购买、销售和持有金融资产的业务费用会降低回报率	7-1 讨论购买和销售资产过程中的业务费用是如何影响回报率和投资的效果的 7-2 对比几款互惠基金的费用率 7-3 为什么活跃的互惠基金的费用率高于指数化证券投资基金

续表

学生应该知道	学生应用这些知识做到
8. 税收规则影响投资的回报率，税收受持有时间长短、收入类型、账户类型影响	8-1 对比短期资产与长期资产利息收入的税率区别 8-2 描述可延迟纳税的账户如 IRA 相比较于应纳税账户的好处 8-3 调查传统的 IRA 跟 Roth 相比的贡献限制和税收优惠
9. 常见的行为偏差会导致投资者做出与其期待结果相反的决定	9-1 明确几种可以导致失败投资决策的行为偏差（如，厌恶损失、投资雇主的股票、本土偏差） 9-2 头脑风暴是避免产生负面后果的行为偏差的方法
10. 技术手段可以抵消负面的行为因素对决策者的影响	10-1 探索投资中可以使用的技术手段，包括自动的贸易平台 10-2 讨论为什么自动投资模式可以帮助人们避免情绪投资决策
11. 很多投资者通过证券公司购买和出售金融资产，这些公司可以提供便宜的投资服务、投资技术手段建议	11-1 讨论金融技术手段如何使各种收入、教育背景的人都能更容易地参与到金融市场 11-2 选择一个证券公司研究最低的账户余额、最低的月投资额以及交易费用 11-3 对比机器人建议与其他金融技术手段各自的利弊
12. 联邦政府对金融市场的规制是为了确保投资者可以获得有关潜在投资的准确的投资并保护投资者不受欺骗	12-1 解释联邦政府在资本市场规制中的作用 12-2 讨论为什么内部交易对资本市场是非法的和有害的 12-3 解释能够获得潜在投资充分、准确的信息重要性
13. 投资者经常将他们的投资与标准进行对比，比如多样化的股票、债券指数等	13-1 解释为什么投资者经常将投资组合与一些指数等标准进行比较 13-2 研究最常见的标准并比较他们最近的绩效 13-3 讨论投资于按照指数发展的交易所交易基金相对于互惠基金或者个体股票债券的好处
14. 挑选金融专业人员的标准包括：执照、证书、教育背景、经验和价钱	14-1 讨论为什么人们需要雇用一个金融专业人员为他们的投资提供建议 14-2 解释执照、证书、教育背景、经验作为挑选金融专业人员标准的重要性 14-3 调查在哪里以及如何能找到高质量的金融专业人员

五、信贷管理

四年级的标准

学生应该知道	学生应用这些知识做到
1. 利息是指借款人使用他人金钱的价格，收入归借出人所有	1-1 解释为什么一个人借了 100 美元购买东西，在未来往往要还多于 100 美元 1-2 解释为什么企业或者个人将钱借给他人

学生应该知道	学生应用这些知识做到
2. 当人用信贷支付的时候意味着同意在未来支付利息	2-1 确定人们经常用信贷方式购买的货品或者服务 2-2 讨论人们愿意用信贷而不是现金购买物品的原因
3. 借款人更愿意把钱借给没有其他债务且在历史上能按照约定还钱的借款人	3-1 解释为什么人们愿意将物品或钱借给这个人而不是那个人 3-2 讨论为什么人们不愿意把钱借给历史上不还钱的人

八年级的标准

学生应该知道	学生应用这些知识做到
1. 借出人不同、信贷类型不同、市场状况不同，利率和费用也不同	1-1 知道可以为消费者提供信贷的金融机构和公司 1-2 了解不同类型、不同利率、不同费用的信贷 1-3 解释市场环境是如何影响利率的
2. 金融机构在广告中宣传的借贷费用是年利率（APR）。初步的费用来吸引消费者，后来可能会提高	2-1 描述借出人是如何向潜在的借钱人宣传的 2-2 在固定利率和借款的情况下，计算年利率 2-3 调查当借款者还款或者没有及时还款的时候费用是如何提高的
3. 还款时间越长，利率越高，还款的总量越多	3-1 描述高利率和长还款时间对借贷总费用的影响 3-2 在确定的月还款额、借贷数额、还款时间条件下，计算借钱人需要支付的总利息数
4. 与其他的借贷形式相比，信用卡的利率更高	4-1 解释为什么信用卡的利率更高 4-2 确定信用卡使用者如何能将其需要支付的费用最小化
5. 借款者根据借款人的信用报告计算其可能不还款的风险，并据此收取不同的利息	5-1 确定信用报告中包含的信息类型 5-2 讨论借款者的信贷历史是如何影响其借钱成本的
6. 当人们借钱来买房或者接受高等教育的时候，这些成本会被将来的收益抵消	6-1 解释为什么用信贷购买房子或者支付教育费用可以获得更大的收益 6-2 评估用信贷来接受教育或者买房与购买食物衣服之间的利益和成本区别 6-3 证明为了某种特殊的购买使用借贷的合理性
7. 借贷会导致债务升高并对一个人的财务状况有负面影响	7-1 确定一个人已经有了太多债务的标志 7-2 预测相对于收入而言太多债务的可能后果

十二年级的标准

学生应该知道	学生应用这些知识做到
1. 借钱人可以在借款合同或者信用卡合同中通过对比年利率等关键信息对比借贷成本	1-1 描述信用卡的宽限期、利率计算方式、费用是如何影响借贷成本的 1-2 对比 1000 美元借贷的利息和费用的区别

续表

学生应该知道	学生应用这些知识做到
2. 有抵押物担保的借贷的利率比没有担保的要低，因为前者的风险低	2-1 举例说明没有抵押借贷和有抵押借贷 2-2 解释为什么借贷者对有抵押借贷收取的利率低 2-3 对比一个借钱人在有抵押借贷上没有还钱，如购车借贷、购房借贷等会发生什么，以及没有及时为信用卡还款会有什么后果
3. 抵押贷款每个月还款数可以是固定的也可以是可调的，它与借贷总量、还款时间、利率有关	3-1 抵押贷款可用作抵押物品的种类 3-2 可调利率与固定利率抵押贷款的区别 3-3 对比不同还款期限、不同借款数量、不同利率的抵押借贷的月还款额
4. 中等后教育费用通常由多种学生或者家长/抚养者的奖学金、津贴、学生贷款、勤工助学或者储蓄来实现	4-1 描述多种中等后教育的经费来源 4-2 解释联邦政府免费助学金 FAFSA 在大学教育资助中的作用 4-3 明确适合自己的奖学金和津贴 4-4 计算完成两年社区学院教育的成本以及可能的学生贷款数量
5. 联邦学生贷款比私人贷款的利率更低，还款条件更宽松，并且可以享受补助	5-1 对比联邦学生贷款和私人学生贷款的利率、还款条件与其他特点 5-2 描述申请学生贷款的过程 5-3 估算各种学生贷款的总利息 5-4 预测学生贷款延期付款的后果
6. 首期付款可以降低借钱的总量	6-1 举例说明需要首期付款的借贷 6-2 假设一个房子的价钱，估算它的首期付款 6-3 对于一个固定数量的贷款，对比 10% 首付和 20% 首付的月还款数量区别 6-4 解释为什么出借人更喜欢有首付的借款者，为什么首付对借款者有激励还款的作用
7. 出借人通过信贷公司的信贷报告评估潜在借钱人的信用价值	7-1 确定能够提供消费者信用报告的主要机构 7-2 评估信用报告中的信息对潜在出借人的价值 7-3 如何免费获得信用报告的复印件，并且这是明智的 7-4 列出纠正不准确的信用报告信息的步骤
8. 信用积分是基于信用报告的一个数量等级用来评估一个人信用风险	8-1 确定包含在信用积分中的主要因素 8-2 解释借钱人的信用积分是如何影响其借贷成本以及获得借贷能力的 8-3 推荐可以提升信用积分的方法
9. 信用报告不仅可以被借款人使用，也可以被公司要求使用	9-1 解释房东、潜在的雇佣者、保险公司在做决策时如何使用信用报告 9-2 举例说明有一个好的信用积分的作用 9-3 对人的信用积分的柔性和硬性要求的区别

续表

学生应该知道	学生应用这些知识做到
10. 因为无法还债而面临严重后果的借钱人可以寻求债务管理帮助	10-1 描述不还款可能对人的财务和人生产生怎样的负面影响 10-2 债务管理协助的资源获得渠道 10-3 为有还款困难的人制定一个计划 10-4 对比不营利和营利的信用咨询服务的成本与收益
11. 在极端的案例中，破产对于不能还款的人而言是一个选择	11-1 解释破产法律的目的 11-2 调查破产对资产的影响 11-3 对比清算与破产重组的后果
12. 消费者信用保护法可以避免信贷条件被泄露、借贷歧视以及收债行为	12-1 解释法律要求人们在借钱之前充分了解信用卡和借贷信息的合理性 12-2 讨论保护借钱人免受歧视、隐形营销和收债的重要性 12-3 研究在哪能找到可靠的、最新的有关信贷权利和义务的资源
13. 替代性金融服务如发薪日借贷、支票兑现服务、典当、即时退税等都使得信贷很受欢迎，当然其成本也比较高	13-1 替代性金融服务产品的种类 13-2 讨论使用替代性金融服务产品与传统银行相比的成本与收益 13-3 解释发薪日借贷如何导致债务循环

六、风险管理

四年级的标准

学生应该知道	学生应用这些知识做到
1. 当遇到损失或者伤害的时候人们就遇到了风险。风险是日常生活中不可避免的一部分	1-1 举例说明个人和家庭可能遇到的风险 1-2 识别人们为什么要冒险 1-3 估算特定的身体或者金融风险的损失或者成本 1-4 描述贵重的个人物品是如何丢失或者损坏的
2. 面临风险时人们通常会降低或者避免这些风险可能造成的负面后果	2-1 给出降低或者避免特定风险的办法 2-2 确定很难或者不可能避免的风险种类
3. 应对不可预知损失的办法就是应急储蓄	3-1 举例说明可以减少财产损失的应急储蓄 3-2 开发出一套系统记录个人事项以及小额的钱
4. 保险是用来降低风险造成的财产损失的	4-1 举例说明人们购买保险（如健康险、车险、火险）为了预防大的风险发生 4-2 调查人们可以购买的保险种类

八年级的标准

学生应该知道	学生应用这些知识做到
1. 不可预测的事件如生病、破产、收入减少、房产受损以及失去机会等都可能造成财务损失	1-1 讨论那些破坏健康、房产的未知事件是如何影响家庭的财务状况的 1-2 解释提前的计划是如何降低未知事件对财产的破坏的
2. 保险是一种金融产品允许人们交一定的费用（保费）将未来可能的财产风险转交给保险公司承担	2-1 描述用什么样的方式拥有保险可以让人免受财产损失 2-2 解释如果人不能为特定风险买保险或者选择不买保险将会发生什么事情
3. 保险公司可以将很多人的保费汇到一起形成一个资金，并运用这些资金支付给遭受损失的人。风险较高的人的保费也高	3-1 讨论人们如何使用保险分担风险 3-2 解释为什么保险公司向高风险的人征收较高的保费（例如有车祸记录司机的车险、坐落于海边的房子的洪水险）
4. 保险中需要自费的四个关键条款是：保费、免赔额、共付额和共保额	4-1 描述下面几种自费的保险的成本：保费、免赔额、共付额和共保额 4-2 在固定保费、免赔额、共付额和共保额条件下计算假设损失中自费的数量
5. 人们可以通过买保险选择避免、降低、保留或转移风险。每种选择的成本和收益都不一样	5-1 举例说明人们如何通过风险避免、降低、保留和转移来管理财务风险 5-2 确定汽车司机可以避免、降低、转移专车风险的方法 5-3 购买电话保险与承担风险的成本与收益
6. 延保服务可以保护在质保期中没出现问题的产品和服务	6-1 描述可以购买延保服务的产品的类型 6-2 分析为某种产品（如电话、笔记本电脑、车辆）购买延保服务的成本与收益
7. 盗窃是指用别人的身份信息犯罪	7-1 解释身份盗窃如何获得个人信息犯罪 7-2 列举可以保护个人信息安全的措施 7-3 描述人们使用移动技术可以管理财务安全的步骤

十二年级的标准

学生应该知道	学生应用这些知识做到
1. 人们接受风险的意愿有所不同，买保险以降低未来风险的意愿也不同	1-1 讨论购买撞车险，但撞车从未发生是不是浪费 1-2 分析在什么情况下年轻人应该购买生命、健康和残疾保险
2. 购买保险的决定受到对风险的感知程度、保险的价格、个体的特征如风险态度、年龄、职业、生活方式和财务状况的影响	2-1 确定影响保险购买决定的个体特征 2-2 描述不同性格的人需要的保险类型

学生应该知道	学生应用这些知识做到
3. 有一些保险是强制性的	3-1 解释为什么申请抵押贷款的时候出借人要求房主有房屋保险 3-2 讨论为什么大多数州都要求购买汽车责任保险 3-3 讨论自己所在州的最低汽车责任保险并分析它是否足以涵盖典型的汽车事故财产损失
4. 采取措施降低损失可能性的人的保费较低，购买更多可扣除条款和共同付费的保费也较低	4-1 研究可以降低汽车保险保费的办法 4-2 解释为什么上安全驾驶课可以降低一个司机的驾驶保费 4-3 讨论购买高额可扣除汽车保险的利与弊
5. 健康保险覆盖了医疗必需的健康护理以及一些预防性的护理。有时候健康保险由雇主支付	5-1 讨论由雇主计划购买健康保险而不是购买私人保险或者不购买保险的好处 5-2 对比购买健康保险的成本与不购买保险需要个人支付的医疗费用 5-3 评估不同医疗保险的可扣除率与共保率对自费医疗成本的影响
6. 当一个人由于生病或者受伤不能正常赚取收入的时候残疾保险可以替代收入损失。除了个人购买的残疾保险，有一些政府项目也提供残疾保护	6-1 比较个人购买、雇工福利计划、社会保险、工人赔偿、临时工残疾计划（有些州）的涵盖范围的不同 6-2 评估在假设的残疾情景下的财务损失以及对残疾保险的需求
7. 保险可以偿还在汽车、房主和承租人投保范围内的投保人的成本损失	7-1 解释汽车、房主、承租人保险覆盖的损失的主要类型 7-2 描述在什么情况下一个人对其他人或其他人的财产的伤害或者损害负有责任 7-3 确定影响承租人和房主保险成本的因素
8. 当被保险人死亡的时候，人寿保险可以为受益人提供赔偿资金。保险上的收入替代被保险人的工资满足其亲属未来资金需求	8-1 解释为什么一个人的死亡会导致别人的损失 8-2 讨论为家庭主要收入者买人寿保险的成本和收益
9. 失业保险、医疗保险、护理保险都是公共保险项目用来保证遇到特定风险的时候免受财务损失	9-1 讨论为什么由经济衰退或流行病造成失业而导致的经济艰难可以被失业保险所缓解 9-2 对比医疗保险和医疗补助计划的覆盖范围和资金来源区别
10. 保险欺诈是购买者（虚假承诺）或者卖方（代表不存在的公司）在保险合同中的犯罪行为	10-1 保险欺诈举例 10-2 调查被判保险欺诈罪的个人需要承担的法律后果

续表

学生应该知道	学生应用这些知识做到
11. 线上交易以及对个人证件没有保护好可以导致消费者的隐私受到侵犯、身份被盗用或者被诈骗	11-1 举例说明线上行为、电子邮件、短信诈骗、电话销售员以及其他的方式如何使消费者的隐私受到侵犯、身份被盗以及被欺诈 11-2 描述在什么情况下个人应该关闭或者打开社保账号、账户信息以及其他敏感信息 11-3 评价防范身份盗用和财经欺诈的策略 11-4 解释当遇到身份盗用的时候可以采取的措施并恢复个人的安全
12. 延期保护和服务也是一款保险单	12-1 评估购买延保服务（如电话、笔记本电脑、汽车）的成本和收益，要考虑到产品失败损坏的可能性，重新购买的成本、延保的价格等 12-2 解释延保服务与保险的相似之处与不同之处

资料来源：根据 Jump $tart 联盟官网发布的标准翻译，并借鉴国内学者（如董筱婷等）的观点整理而成。

附录 2　财经技能量表*

第一部分：以下的描述与您的情况相符程度？

	完全不符合	有点符合	不知道	符合	完全符合
1. 我知道如何进行复杂的财经决策。	□	□	□	□	□
2. 当面对新的财经问题时我可以很好地决策。	□	□	□	□	□
3. 我知道如何实现自己的财经目标。	□	□	□	□	□
4. 我能够识别一个好的投资。	□	□	□	□	□
5. 我知道如何避免过多的花费。	□	□	□	□	□
6. 我知道如何储蓄。	□	□	□	□	□
7. 我知道如何获得有效的财经建议。	□	□	□	□	□

---

* 说明：此量表由 CFPB 于 2018 年 6 月开发，详见 consumerfinance. gov/financial-skill-scale。

第二部分：下列情况发生的频率

	从不	很少	有时	经常	一直如此
8. 我知道什么时候我没有足够的信息进行良好的财经决策。	☐	☐	☐	☐	☐
9. 我知道什么时候需要有关金钱的建议。	☐	☐	☐	☐	☐
10. 我努力理解财经信息。	☐	☐	☐	☐	☐

第三部分：个人信息

11. 年龄	☐18~61 岁		☐62 岁及以上		
12. 我知道什么时候需要有关金钱的建议。	☐	☐	☐	☐	☐

附录3　财经幸福量表*

第一部分：以下的描述与您的情况相符程度？

	完全符合	符合	有点符合	不太符合	完全不符合
1. 我可以很好地应对一笔额外的花销。	☐	☐	☐	☐	☐
2. 我未来的财务状况有保障。	☐	☐	☐	☐	☐
3. 根据我的财务状况，我感觉有些我喜欢的东西永远无法得到。	☐	☐	☐		☐
4. 由于我金钱管理有方，我可以享受人生。	☐	☐	☐	☐	☐
5. 我的财务状况不错。	☐	☐	☐	☐	☐
6. 我非常担心我拥有的钱不够用。	☐	☐	☐	☐	☐

---

* 说明：此量表由 CFPB 开发，详见 consumerfinance. gov/financial-well-being。

第二部分：下列情况发生的频率

	一直如此	经常	有时	很少	从不
7. 送结婚、生日或者其他的礼物将会造成当月财务紧张。	□	□	□	□	□
8. 每个月我的钱都有剩余。	□	□	□	□	□
9. 我的钱不够用。	□	□	□	□	□
10. 财务状况控制了我的人生。	□	□	□	□	□

第三部分：个人信息

11. 年龄	□18~61 岁	□62 岁及以上
12. 你是如何做问卷的?	□我自己看题	□别人为我读题

附录 4　专用词汇对照表

American Economic Association （AEA，美国经济学会）

Board of Governors of the Federal Reserve System （BGFRS，联邦储备系统的理事会）

Certified Public Accounts （CPA，注册会计师）

Commodity Futures Trading Commission （CFTC，商品期货交易委员会）

Consumer Financial Protection Bureau （CFPB，消费者金融保护局）

Council for Economic Education （CEE，经济教育委员会）

Department of Agriculture （DA，农业部）

Department of Defense （DD，国防部）

Department of Education （DE，教育部）

Department of Health and Human Services Program （DHHSP，卫生部）

Department of Housing and Urban Development（DHUD，住房与城市发展部）

Department of Labor（DL，劳工部）

Department of the Interior（DI，内政部）

Department of the Treasury（DT，财政部）

Department of Veterans Affairs（DVA，退伍军人事务部）

Federal Deposit Insurance Corporation（FDIC，联邦存款保险公司）

Federal Emergency Management Agency（FEMA，联邦应急管理局）

Federal Reserve System（FRB，联邦储备系统）

Federal Trade Commission（FTC，联邦贸易委员会）

Financial Empowerment Innovation Fund（FEIF，财经授权改革基金）

Financial Industry Regulatory Authority（FINRA，金融监管局）

Financial Literacy Education Commission（FLEC，财经素养教育委员会）

Framework for Teaching Economics（FTE，经济学教育框架）

International Organization of Securities Commissions（IOSCO，国际证监会组织）

International Securities Association Organization（ISAO，国际证券业协会组织）

National Endowment for Financial Education（NEFE，全国财商教育基金会）

National Credit Union Administration（NCUA，国家信贷联盟署）

National Task Force on Economic Education（NTFEE，国家经济教育特别工作组）

Office of Personnel Management（OPM，人事管理办公室）

Office of the Comptroller of the Currency（OCC，通货监理署）

Securities and Exchange Commission（SEC，安全与交易委员会）

The National Endowment for Financial Education（NEFE，全国财商教育基金会）

White House Domestic Policy Council（WHDPC，白宫国内政策委员会）

附录5 与联邦政府在财商教育方面
合作的机构名单

一、非营利组织与专业贸易机构

ACCION NY

Achieving the Dream

American Association of State

Colleges and Universities

Association for Enterprise Opportunity

Association of Community College Trustees

American Bankers Association

American Benefits Council

Association for Financial Counseling & Planning Education

Atlanta University Center Consortium

Career Education Colleges and Universities

Center for Financial Services Innovation

Center for Responsible Lending

Cities for Financial Empowerment Fund

Clarifi

Coalition of Higher Education

Assistance Organizations

Council for Economic Education

Credit Builders Alliance

EARN

Earn to Learn

Education Finance Council

Family, Career and Community

Leaders of America

Florida Prosperity Partnership

Higher Education Financial

Wellness Association

Homeownership Preservation Foundation

Hugh O' Brian Youth Leadership

The Institute for College Access and Success

Insured Retirement Institute

International Foundation of

Employee Benefits Plans

Jumpstart Coalition

Junior Achievement USA

Justine Peterson

Local Initiatives Support Corporation

Lumina Foundation

MOHELA

National Association of Financial

Aid Administrators

NASPA Student Affairs Administrators

in Higher Education

National College Access Network

National Council of Higher

Education Resources

National Endowment for Financial Education

Neighbor Works

Next Gen Personal Finance

Pacific Community Ventures

Parents Step Ahead

Pension Rights Center

Society for Financial Education and Professional Development

Source Link

Stewards of Affordable Housing for the Future

Uaspire

Women's Institute for A Secure Retirement（WISER）

二、私人实体

Azim Premji Foundation

Bank of America

Charles Schwab Foundation

Discover Financial Services

Edward Lowe Foundation

EverFi

Fidelity Investments

FICO

FINRA Investor Education Foundation

Ideas42

iGrad

Kauffman Foundation

LendEDU

Meredith Corp.

PayforEd

Pepsico

Prudential

Ramsey Education

Savingforcollege. com

Trellis Group

Vanguard

三、智囊机构

Aspen Institute

New America

Urban Institute

后　记

当我到山东工商学院报到的时候，最让我感到惊讶的是从东操场到二餐之间的路两边全是学生在创业，热闹非凡、红红火火。后来才知道是毕业季的跳蚤市场，在开学季也有。这火爆的学生市场，恰如厦门的凤凰花，红火、漂亮，冲淡了所有的离愁别绪。而更让我欣喜的是学生们无限的创造力和对生活的执着追求。学生们在财务上的规划与大学四年的规划直至整个人生的规划是相辅相成的。有着良好财经素养的学生，往往目标更加清晰，追求更加坚定，也更容易成功。这是我对大学生财商最朴素的理解，直到多年后，当时的视觉冲击仍难以忘怀。

源于这种朴素的经验，当学校提出相关研究选题的时候，我是有着一定的期待的。几经比较，我决定先从美国开始。由于美国有着既发达又充满了不稳定因素和变幻莫测的市场，所以对民众的财商有一定的要求。美国在财商教育方面确实领先，启动时间早、社会参与度高、民众认可、政府也很重视，在课程建设、教师队伍建设、教学方法的发展、标准制定、相关理论研究方面也积累了丰富的经验。同时，美国的财商教育也存在一定的不足，如组织性有待加强，针对不同群体的个性化教育提供仍不充分等。由于国情不同，不能对美国的所有经验照搬，只作为我们前进中的一种参考。

本书的完成，首先感谢我所在的学校，是学校发展的需要让我有机会接触到财商教育这个选题，并且一经接触就被深深地吸引，越研究越惊喜。感谢本部门的领导和同事的督促、支持和鼓励。感谢出版社老师的辛苦付出，让本书的完成体验更加美好。

最后，感谢家人的支持，意志辅以感情成就一个最勇敢的过程，而这些往往只有家人才能提供。感谢整个大家庭的所有成员所提供的支持和力量。尤其是要感谢孩子们，你们的陪伴、支持和鼓励，给了我最大的动力和勇气，你们的执着追求也激励着我更上一层楼，你们让我心中阳光普照，在最艰难的夏天过好了每一个炙热的日子，对硕果累累的秋天有所期待。

由于本人能力有限，本书只是对美国财商教育的非常粗浅的认识，很多内容如美国推行财商教育政策的更深层次的原因、美国财商教育体系构建的更细致的内容等分析得都还不够透彻，社会教育中的规律性总结还不充分等。书中存在不足之处，欢迎批评指正，这也将激励我进一步把相关研究做深、做细，因为在我的计划中，还有对更多国家和更深层次意义上的研究。

葛喜艳

2022 年 4 月